JN293602

シリーズ情熱の日本経営史③

佐々木 聡 監修

暮らしを変えた美容と衛生

佐々木 聡 著

福原有信
資生堂

小林富次郎
ライオン

長瀬富郎
花王

芙蓉書房出版

はじめに

近代日本の経営発展の歩みを振り返ると、今日のわれわれの豊かな生活の基礎を築いた企業者たちが数多くいたことを発見します。企業者とは、一般に、経営上の革新を遂行して、みずからの事業経営を通じて社会に大きな貢献を成した人々のことをさします。そうした企業者のなかには、先進的な欧米の知識や思想および手法を取り入れ、輸入品の国産化を実現して、人々の健康と衛生そして美に資する製品の提供に着手した人々がいました。彼らの創意と工夫によってもたらされた製品の普及によって、個人と家庭および社会全体の「生活の質」(Quality of Life)の向上がもたらされてきたといってよいでしょう。

一方、そうした企業者の営みは、その事業の性格から、最新の医学や薬学の知識・技術はもとより、さまざまな芸術や文化に関する知識や感性を必要とします。そうした素養によって創製された新製品それ自体によって、あるいは新しい製品を市場に浸透させるための広告・宣伝活動によって、新たな文化が形成されることもあったことでしょう。

彼らの創意・工夫とその後継者による事業の進化があったればこそ、今日、われわれ日本人は欧米諸国に勝るとも劣らぬ、健康で文化的な生活水準を確保することができることになったといえましょう。

本書では、そうした啓蒙的な企業者たちのなかでも、今日の資生堂の創業者・福原有信、ライオンの創業者・小林富次郎、花王の創業者・長瀬富郎という三人の企業者をとりあげることにしたいと思います。

ところで、日本の近代化と工業化の過程で、これまでライフ・スタイルの変化や生活水準の向上に大きな影響を及ぼすコスメティクスやトイレタリーに関する企業の創業と発展については、さほど焦点を当てられることがなかったといえましょう。それは、日本の近代化が「富国強兵」をスローガンとして「大国」を目指したため、経済力や軍事力のレベルアップに直接的に資する産業がどうしても、歴史的な関心の中心となったためかもしれません。

実際、資生堂が初期に取り扱った薬品は、江戸時代から明治初期にいたるまで薬種業に分類される人々の仕事であり、西洋の薬を扱う薬舗は、ほとんどありませんでした。また、化粧品も、小間物商や水油商・髪油商・白粉商などによって扱われていました。海外からの輸入品である洗浄用の石鹸や歯磨きを含む化粧品および文房具などは、明治初期に新たに洋小間物という商品に分類されて販売され始め、石鹸などは国内で生産を始める者も現れました。

石鹸の製造業者が「石鹸」の名前を冠した団体を結成したのは、確認される限りでは明治十八（一八八五）年の名古屋石鹸製造組合が初期のものの一つと考えられています。西洋の化粧品や歯磨きを含む「化粧品」は、それより少し遅れて明治二十五年に、「小間物」と併記されて「小間物化粧品組合」という名称を冠した販売業者の団体が、東京、名古屋、松江などで結成されています。「歯磨」が業界団体として独立するのは、昭和十五（一九四〇）年の日本歯磨工業協会の結成まで待たれることになりました。このように、石鹸、化粧品、歯磨きなどの商品の製造と販売は、そのいずれにおいても、業界としてのかたちを具体的に整えるまでには、やや時間を要したのです。

したがって明治期にあっては、これらの事業は販売面でも製造面でも新興の産業であり、その方向性が定まらない不安定な時期にあったといえましょう。そうした揺籃期に、石鹸や化粧品および歯磨の販売や生産の事業を興した三人の企業者は、その後の業界の発展を方向づける重要な舵取りを担ったといってよいでしょう。

資生堂の福原有信（一八四八〜一九二四）は、日本で初めての西洋薬舗会社と調剤薬局を開業し、「医薬分業」の嚆矢ともなる事業の実績を残しました。さらには、売薬の生産と販売へと事業を展開して、歯磨きをはじめ、さまざまな化粧品の製造・販売へと事業を多角化させていきました。ライオンの小林富次郎（一八五二〜一九一〇）は、家業の再興を期しながらも、石鹸製造会社の経営の頓挫やマッチ軸木事業の失敗など、多くの試練を経て、石鹸原料の販売から石鹸の製造そして歯磨きの製造の事業を本格的に展開していきました。花王の長瀬富郎（一八六三〜一九一一）は、親戚での商業実務の経験を経て上京し、相場での失敗の後、洋小間物商の店を開業し、取扱い商品のなかで、西洋の製品に対して著しく劣位にあった石鹸に注目し、外国製品に勝るとも劣らぬ優良国産石鹸の創製を目指して事業をスタートさせます。

こうした草創期の新しい営みは、企業を創業した企業者個人の熱意や構想力と行動力が周囲の力を結集して、結実することが多いと思われます。そして、そうした創業者の情熱や経営思想は、その後、企業が進化的に発展してゆくうえでの大きな礎となったことでしょう。本書では、そうした企業者の資質の形成過程や、その情熱に惹かれて彼らを支えた人々との協力関係、それらの力が総合的に発揮される創意工夫の内容を紹介しながら、その革新の意義を考察するうえでの一助としたいと思います。

情熱の日本経営史③

暮らしを変えた美容と衛生——目次

小林富次郎

情熱の日本経営史③

暮らしを変えた美容と衛生

医薬の視点から「世界の資生堂」へ

福原 有信

ふくはら ありのぶ

嘉永元（一八四八）年四月八日、安房国松岡村生まれ。大正十三（一九二四）年三月三十日没。二十五歳で資生堂を創業。医薬の視点からの商品開発・発売を経て、化粧品業界に進出。「世界の資生堂」の基礎を築いた。

第一章　少年時代の有信

企業家の資質や能力を考えるとき、それらが蓄積される過程と発揮される局面に分けて考えることが大事です。ここでは、まずそうした能力の初期の蓄積過程ともいうべき、福原有信の生い立ちや少年時代の足跡についてみておくことにしましょう。

一、漢方医の祖父・有斎の影響

資生堂の創業者・福原有信は、嘉永元（一八四八）年四月八日、安房国松岡村（現在の千葉県館山市竜岡）に生まれました。父有琳が四十四歳、母伊佐三十六歳のときの四男として、生を受けました。両親にとっては、晩年のしかも末っ子であった有信ですが、学究肌の父と根のしっかりした母の影響で、厳格に育てられました。

有信の祖父・有斎は医者であったのですが、父親の有琳はそれを継ごうとはせず、寺院に通って仏典や漢籍に親しむことを日常としていました。有信も、こうした父親の影響を受けて、子供の頃から四書五経などの漢籍を教え込まれて育ちました。八歳の頃に

韓非子・近思録・言志四録
「韓非子」は、中国戦国時代法学の学者・韓非の思想を記した書。特に君主の臣下統御術、君主の権力重視、法治主義の三要素が中心。「近思録」は、宋代儒学の要点を示した朱子学の重要な書。「言志四録」は、江戸時代の儒家・佐藤一斎が四十年間にわたり綴った「言志録」、「言志後録」、「言志晩録」、「言志耋録」の総称（『日本史文献解題辞典』、「国史大辞典』）。

有信が生まれた安房国松岡村（現・千葉県館山市竜岡）の現在の風景。畑と里山の間を市道が走る農村部。近くの八幡神社には、福原有信の記念碑が立っている。

は、父親の指導で論語の素読を終え、十三、四歳の頃には詩経や易経に進みました。江戸に遊学する十七歳の頃には、*韓非子《かんぴし》、近思録《きんしろく》、言志四録《げんししろく》なども読んでいたと伝えられています。こうした漢学の知識は、有信の教養と思考力を深める基礎となったことでしょう。

仏典についても、菩提寺（正見院）の僧侶も驚くほど、理解を深めていたようです。お寺の伽藍のなかに垂れた経文の一節の文字などは、一般の子供にとっては難しいものです。しかし、有信は、それらの言葉を暗記していただけではなく、意味も正しく説明できたと伝えられています。このような仏教の知識と教えも、少年有信の思想形成の基礎となったといえましょう。

また、母親の伊佐も厳格な家庭教育を受けて育ったことから、ゆるぎない精神のもち主とみられています。有信はそうした資質も受け継いだと推測されます。こうした両親にもまして、有信の教育に強い影響を与えたのは、祖父の有斎でした。漢方医で、とくに薬学を

かつて薬草園だった現在の小石川植物園。小石川植物園は、徳川幕府がつくった「小石川御薬園」がもとになっており、江戸時代にはこのような薬草園が各地でつくられた。

探究した有斎は、有信を医者に育て上げようと、有信を連れて安房の山野を歩いて薬草を採取し、ひとつひとつの薬草を眼と鼻と指で確かめさせ覚えさせたといいます。それだけではなく、邸内にも薬草園を作って、身近な生活のなかで有信に薬草の知識を授けました。こうしたことは、有信の五感を豊かにすることになったでしょうし、後に薬学を学ぶ際に大きな実体験となって理解を深めることになったことでしょう。

幕府の*典薬頭のほうが、格式上とはいえ奥医師などよりも高い地位にあったことからもわかるように、医者になるよりも薬学の専門家になる方が難しい時代でしたので、有斎は、有信の将来像をより高い目標へと誘っていたことになります。

このように、幼年期から少年期の有信は、漢籍による論理・道徳、仏教による宗教的思想、自然とのふれあいによる体験的学習という、偏りのない、ひろい意味での学習を積み重ねたのです。このことは、後の有信の構想力や人間観およびコミュニケーション能力を培う大きな基盤となったといえます。

二、薬学に傾倒していく青年期

さて、幕末の元治元（一八六四）年、十七歳のとき、福原有信は、両親とともに江戸に出て、織田研斎の門に入って医学を修めることになります。ペリーが初めて来日してから十一年後の年です。蛤御門の変、長州征伐と、大きく時代が揺れ動いていたときですが、幸いにもこの時点での有信は、そうした時代のうねりに巻き込まれることなく、みずからの将来に向かって、確かな第一歩を踏み出すことができたのです。

さて、織田研斎という人は、幕府医学所の種痘役*も務めた経験をもち、有信が入門した頃は、医学所の有力な教授職の地位にありました。有信の兄は二十歳を過ぎていましたので、両親はもう充分に留守を預かることができると考えて、有信とともに郷里を後にしたと思われます。両親とともに滞在できたことで、有信は、住込み書生のような苦労をすることなく、恵まれた環境で勉学にいそしむことができました。

研斎のもとで学んだのは一年足らずのことでしたが、この短い期間に、薬学に傾倒していきました。有信は、日本の医薬・薬学の将来を展望しながら、種痘の効果、サント*

典薬頭と奥医師
奥医師は幕府の医官。将軍や奥向きの者を診療した。典薬頭は古代から伝わる官職。奥医師は技量次第で抜擢もあったが、典薬頭は半井出雲守と今大路右近の世襲。奥医師の役高二百俵に対し、両家は一五〇〇石、一二〇〇石の家格であった（『国史大辞典』他）。

種痘
江戸時代まで、天然痘（疱瘡）は死亡率の高い病気として恐れられた。ウイルスを接種させて免疫をつくる種痘は、蘭医たちが広め、安政五（一八五八）年に神田お玉が池の種痘所が開設され、二年後に幕府直轄、さらに翌年に西洋医学所と改名されている（『国史大辞典』）。

林洞海が翻訳・出版した『ワートル薬性論』の版木の一部（市川市立歴史博物館蔵）。有信も、この版木で刷られた『ワートル薬性論』を読んでいたのかもしれない。

ニン、キ[*]ニーネなどの新薬の導入によって、今後、日本の医学界も大きく変わることであろうと思うようになりました。

医学的技術を学ぶ者に比べて、薬学の研究者は少ない。もはや漢方薬も時代遅れの感がある。少年時代、祖父・有斎との間で培われた知識や経験が、こうした思いをいっそう募らせたのかもしれません。有信は、林洞海が翻訳・出版した『[*]ワートル薬性論』を何としても読破したいと思ったのですが、二十一巻十八冊にもおよぶ大部の書であり、入手することはできませんでした。そこで、恩師の研斎に相談し、研斎のはからいで医学所所蔵の本を閲覧することを許してもらったのです。師の厚意に報いるかのように、有信は、毎日、医学所に通って、『ワートル薬性論』を筆写しました。

それを終えると、さらに他の薬学関係の翻訳書も読み進めました。まだ外国語の能力をもたなかった有信にとっては、翻訳書が頼りでした。翻訳書を読み進めるなかで、有信がとくに強い関心を抱いたのは、中川淳庵・宇田川玄信らが翻訳した外国の都市薬局方つまり薬品の規格に関する文献であったのです。こうした方面への傾倒が、福原有信のその後の進路を方向付けてゆくことになります。

サントニン
回虫・蟯虫（ぎょうちゅう）などの駆虫薬の一つ。ミブヨモギなどから抽出される。無色板状晶（『日本国語大辞典』）。

キニーネ
キナの樹皮から精製した結晶性アルカロイドの一種。白色の粉末で苦味がある。マラリアの特効薬とされる（『日本国語大辞典』）。

ワートル薬性論
オランダ人のハンデ・ワートルにより書かれた薬物書。国内では、安政三（一八五六）年に刊行された。それまでの薬物書が辞書的なものであったのに対し、薬物を薬効から分類している（中冨記念くすり博物館、市川市役所ホームページ）。

第二章　薬学者としての志

一、動乱の幕末期

少年時代の学習を基礎に、江戸の名門塾に入門した福原有信は、その後の努力が認められて医学所に進学します。その後、新政府が樹立されると、祖父の意がかなって、病院で薬学の部署の仕事に就くことになりますが、やがて職場を移すことになります。その間、有信は多くの人々と出会いますが、恩師や盟友を得たことは、その後の有信の進路を決することになります。ここで、この頃すなわち二十代前半の有信の足跡について、みてみることにしましょう。

松本良順の目にとまる

織田研斎の門に入った翌年の慶応元（一八六五）年、福原有信は、幕府医学所*頭取の松本良順に認められて、医学所に入りました。

医学所・西洋医学所
安政五（一八五八）年に開設された種痘所が幕府直轄となり、文久元（一八六一）年に発展・改称し西洋医学所となり、さらに翌々年の文久三年に医学所に改称、医学教育機関の役割ももつようになった。明治になり医学校として再興され、大学東校、東京医学校などを経て東京大学医学部へと続いていく（『岩波日本史辞典』他）。

ポンペ
一八二九～一九〇八年。安政四（一八五七）年、弱冠二十八歳で軍医として来日。海軍伝習の一環として医学を教育し、海軍伝習中止の後ものべ五年間患者の治療にあたり文久元（一八六一）年には日本初の西洋式病院となる養生所（長崎大学医学部の前身）を開設。多くの日本人医学生がここで学び、ポンペは近代西洋医学の父と呼ばれる。ちなみに、ポンペが松本らに最初の講義を行った十一月十二日は、長崎大学医学部の創立記念日とされている（『日本近現代人名辞典』、長崎大学附属図書館ホームページ）。

松本良順。長崎では、ポンペの養生所開設のために奔走した。

松本良順は、天保三（一八三二）年、後に順天堂を開く佐倉藩医・佐藤泰然の次男として生まれ、幕府の侍医・松本良甫の息女を娶って入婿したので、松本姓を名乗るようになりました。長崎に留学して、オランダ医・ポンペ*（Pompe van Meerdervoort）のもとで西洋医学を学び、腑分け（解剖）などの経験も積みます。文久二（一八六二）年には、奥医師兼西洋医学所*頭取助として江戸に戻り、その後、三十二歳にして医学所の頭取となっていたのです。

その松本良順が注目したのが、薬物関係の書物を熱心に学んでいる福原でした。医学所には、進んだ西洋の医学を学ぼうとする医学書生が集まりましたが、薬物学を学ぼうとする書生は少なく、松本はこのことを憂えていたのです。松本の眼には、福原の存在が、そうした憂いを払拭し、期待にこたえてくれる若者として映じたのでしょう。松本は、織田研斎を通して有信の医学所入りを勧め、これを有信は喜んで受けたのでした。

医学所時代の福原は、『ワートル薬性論』に代表される薬理作用の研究から、次第に先進諸国の薬制、すなわち薬品の規格を決めた薬局方へと関心が移っていきました。薬局方の翻訳書はまだ少なかったので、外国語の文献を読む必要があり、オランダ語や英語の習得にも懸命に努力しました。そのかいあって、慶応二（一八六六）年には、松本良順の推薦によって、有信は医学所の医薬業務に携わる仕事（中司薬）に起用されました。これに安心した両親は、郷里に戻り、有信は他の職員や研究生と共同生活を始めることになりました。

やがて動乱の波は、有信の身近にも迫ってきました。医学所の教師も学生も、帰郷したり、所属していた藩の求めに応じて戦地の負傷兵の治療にあたることになりました。このため、ほとんどの者が江戸を離れ、医学所も閉じられたような状態になりました。松本良順は、十四代将軍・家茂の他界に際して脈をとり、最後の将軍・慶喜に侍医として随行するなかで、近藤勇らとも親交をもつようになっていました。維新軍が江戸に入ってくると、門弟数名をともなって会津に向かいました。有信の場合は、戦地に赴くこともなく、一年ほどの間、郷里の安房に戻って、事態の推移を静観することになりました。

東京大病院へ

明治と改元された翌年の明治二（一八六九）年の春、有信はふたたび上京し、同年七月、神田和泉橋にあった東京大病院（中司薬）に採用されました。

ウィリス
一八三七〜一八九四年。アイルランド出身。英国公使官付医官兼書記として文久元（一八六一）年に来日。軍医として各地の維新戦争で治療にあたり、西洋医術を実践的に広めた。後に、西郷隆盛の斡旋により鹿児島に赴き、鹿児島医学校兼病院を開設、後進の指導にも尽力した（『日本近代人名辞典』）。

石黒忠悳
弘化二（一八四五）〜昭和十六（一九四一）年。医学所を経て、兵部省に入り佐賀の乱、西南戦争に従軍。草創期の軍医制確立に尽力した。後に貴族院勅選議員。森鴎外の著書『舞姫』に登場する「官長」のモデル（『日本近現代人名辞典』他）。

東京医学校本館の建物。この建物は明治9年竣工なので、有信が通っていた頃より後にできたものになる。現在は、東京大学総合研究博物館小石川分館として公開されている。

この病院は、官軍の軍事病院として慶応四（一八六八）年に横浜に設立された天朝病院を前身としており、明治になって東京に移されて、一般には地名の和泉橋病院あるいは、元の藤堂家屋敷におかれたことから藤堂病院などと呼ばれました。イギリス人医師ウィリス*（William Willis）を迎えて、イギリス式の外科医学の導入がはかられていました。そのウィリスを慕って集まった医師たちのなかには、後に陸軍軍医総監となる石黒忠悳《ただのり》*もいました。翌年五月に、東京大病院が昌平学校の所属となってドイツ医学中心へと転じていくことになり、ウィリスは院長を辞して、西郷隆盛の紹介で鹿児島に赴き、後に海軍軍医総監となる高木兼寛《たかきかねひろ》らを育てます。石黒のほうは、東京大病院と陸軍の方針にしたがって、ドイツ式医学に傾倒してゆくことになります。

　ドイツ式医学を尊重した陸軍とイギリス式医学の海軍のそれぞれの後のトップが、ウィリスに師事したことになります。この両者は、後にみるように、福原有信の資生堂が発売する脚気の薬にからむ脚気論争を展開することにもなります。

さて、福原有信がかつて学んだ医学所は、東京医学校として再開され、同校も明治二年六月に昌平学校から改称された大学校の所属となります。そこには、松本良順もいないし、かつての同僚も少なく、むしろ東京大病院のほうが、医学所時代の知人が多かったのです。

大学校は、同年十二月には、大学東校（東京大学医学部の前身）となりますが、このとき東京大病院も大学東校に合併され、大学病院と称されるようになりました。つまり、大学東校は、医学学校と病院を兼ねた組織であったといえます。したがって、福原有信が東京大病院に在職したのはわずか五カ月で、合併後は大学東校への奉職となりました。

ちなみに、この大学東校時代の学生のなかには、後に薬学界の権威にまで成長する長井長義*もいました。長井も高木と同様、後に福原の資生堂による脚気の薬に関わることになります。

二、私生活の充実

長井長義
弘化二（一八四五）～昭和四（一九二九）年。阿波国出身。徳島藩医の家に生まれ、長じて長崎、さらに医学校（後の大学東校）で学ぶ。医学留学生としてドイツに留学したが化学に転向。有機化学を学び、帰国後、東京大学教授（理学部、医学部）、内務省衛生局東京試験所所長も兼任するなど、化学会・薬学会の権威として活躍。初代日本薬学会会頭（『日本近現代人名辞典』）。

寺門静軒
寛政八（一七九六）～明治元（一八六八）年。江戸後期の儒者。儒学、詩文を学び、文政年間に駒込で克己塾を開く。同時代の儒者を痛罵する『江戸繁盛記』を執筆（『日本近現代人名辞典』）。

前田清則（左）と矢野義徹（右）。二人とも有信より年長だったが、共同生活などを通して固い絆で結ばれ、やがて共同で資生堂を立ち上げることになる。

二人の盟友との出会い

さて、福原有信は、明治二（一八六九）年に東京大病院（中司薬）に採用されましたが、この年の十一月、佐藤尚中《たかなか》が大博士に任ぜられて、ウィリスの後任の院長に就任しました。佐藤尚中は、本来の姓を山口といいましたが、松本良順の実父・佐藤泰然の門下となり、見込まれて養子となりました。したがって、有信が師事していた松本良順とは、義兄弟の関係になります。この頃、すでに医学界の巨星と評されるにいたっていた佐藤は風格もあり、有信は接するなかで多くの成長の糧を得ることとなりました。江戸の儒学者・寺門静*軒のもとで漢学を学んだ佐藤に、漢籍に通じた有信が共鳴することが少なくなかったのかもしれません。

また同僚の矢野義徹《よしあきら》と前田清則《きよのり》との出会いも、有信の進路に大きな意味をもつことになりました。

矢野は、弘化三（一八四六）年生まれですので、有信より二歳年長です。那須黒羽の大関家・黒羽藩で奉行を務めた家柄の子でしたが、幼い頃に実父が失明するということもあって、医学を志し、十九歳のときに江戸の杉田玄瑞《げんたん》の門に入り、二十二歳のときに大田原藩医の矢野良元の養子となります。維新の動乱のさなかには薩摩軍に従軍して負傷兵の治療にあたり、その後、天朝病院を経て和泉橋病院に赴任していました。したがって、職場では有信よりも先輩ということになります。ウィリスやオランダ医のボードウィン*(Bauduin Antonius Franciscus)について学んだだけあって、英語やオランダ語に通じていたので、医局のなかでも俊才の一人でありました。矢野もまた、佐藤や有信と同じように漢籍に親しんでおり、この点も有信と近しくする要素であったでしょう。

前田は弘化四(一八四七)年生まれですから有信より一歳年上ですが、その経歴はあまりよく知られていません。前田が東京大病院(中司薬)に赴任したのは、有信よりも二、三カ月後のことでした。同じ職にありましたので、二人は、研究室で一日中ともに過ごしました。医学校時代、一般医学を専攻していた前田にとってみると、薬学の勉強はまだ浅く、その面でも有信から学ぶことも多かったと思われます。

福原有信、矢野義徹、前田清則の三人は、病院のあった元藤堂家の屋敷内に長屋を借り、通いの婆やを雇って共同で生活し、叱咤激励し合う仲となったのです。

このように、東京大病院および大学東校時代、福原有信は、偉大な師と盟友をはじめ

ボードウィン
一八二〇〜一八八五年。オランダ生まれ。文久二(一八六二)年来日。長崎の医学校で診療と医学教育を行う。幕府瓦解後再来日して大阪初の公立医学校兼治療所「浪華仮病院」を開き、多くの生徒に医学を伝えるとともに、人々の治療にあたった(『日本近現代人名辞典』、長崎大学附属図書館ホームページ)。

海軍病院があった港区高輪の現在の様子。鬱蒼とした緑の部分が高輪皇族邸(旧高松宮邸)。病院があった当時を偲ぶことはできないが、この場所に矢野義徹に続き、福原、前田も通うことになる。

多くの同僚や優秀な学生との知己を得たのです。このことは、その後の有信の発展にとって、大きな人的な資産となったといえましょう。

転任、結婚、そして辞職

さて、明治三(一八七〇)年六月に高輪に海軍病院が設立されると、佐藤尚中博士がこの病院長を兼任することになりました。その関係から、翌四年の春、有信の盟友の一人の矢野義徹が同病院に転任することとなりました。矢野は、福原と前田に対して、「先に転勤するが、必ず二人にも来てもらえるようにはからうから待っていてほしい」と約束したといいます。海軍の軍備充実が優先されていた当時は、「陸海軍」ではなく「海陸軍」と呼ばれており、そうした雰囲気が、矢野の転勤になんらかの影響を与えたとも推測されます。

その年の六月、矢野の推薦により、福原は、前田とともに、海軍病院への転勤を命ぜられ、福原は薬局長に任ぜられました。福原は、大学東校よりも海軍病院へ出仕する時間の多くなっていた佐藤に対して、よりいっそう緊密に接触して教えを乞うことを期待していました。したがって、この転勤は、有信にとっては大きな喜びでした。一方、前田の方は、従来の薬局の仕事から医局の仕事に転じることになりました。しかし、いったん離れた三人が矢野のはからいで再び職場をともにしたことによって、三人の結びつきは従来にも増して強いものとなりました。

海軍病院に転じたこの年、福原有信は、鈴木喜三郎の長女、徳と結婚し、三田に新居を構えました。徳は、安政元（一八五四）年の生まれですから、有信より六歳年下ということになります。その後の有信は、徳の内助の功に支えられて、さまざまな困難を乗り越え、みずからの可能性を開花させてゆくことになります。

しかし、結婚当初だけは、少し違いました。良き伴侶も得て、仕事も安定するかと思えたのですが、思わぬ事態がそうした期待を裏切らせることになります。

福原有信が海軍病院に転任した明治四年の七月五日、兵部省に海陸軍の軍医寮*が設けられることになり、

軍医寮
明治四(一八七一)年に、兵部省に発足し、陸海軍の医事衛生を司った。翌年の陸軍省・海軍省の独立により、軍医寮は陸軍省に、海軍省は海軍病院を海軍軍医寮とし、陸海軍の軍医制度は分離した（『国史大辞典』）。

徳夫人。写真は大正 10 年頃。夫人の内助の功も有信を支えた。

軍医寮が軍の病院を統括する立場となりました。軍医寮の主宰者は、かつて福原に注目し東京大病院に推薦した松本良順であったのですが、その後、福原とは疎遠になっていました。このため福原は、機構改革や人事面について、松本から情報を得ることができなかったのです。

さらに、福原が尊敬する佐藤尚中が辞任するとの情報が入りました。加えて、近く兵部省が解体して、陸・海軍両省*が設置（明治五年四月）され、海軍病院も海軍軍医部のもとに統括されるということも耳にしました。福原らと離れたところで進められるこうした事態によって、福原らは「行く末」に不安を感ずるようになっていったのです。そして海軍軍医部のなかでは、もはや志をのばすことが難しいと思われるようになったのです。

福原有信は、矢野や前田から、「同士の代表として野に下って、一旗揚げてくれ」との要請を受けたこともあって、明治五年二月二十八日の兵制改革による海軍省発足に先だって、海軍病院薬局長の職を辞することになりました。これには、情勢がめまぐるしく変化するなかで扶助の実をあげるには、三人が同舟にあっては危険との判断もあったものと思われます。

海軍省
明治五（一八七二）年、兵部省から独立。初代の海軍卿は勝海舟。当初は軍令・軍政のすべてを統括し、後に海軍軍令部が軍令の最高機関として独立してからも海軍省＝海軍大臣は海軍の権力中枢であり続けた。しかし昭和八年に軍令部が独立性を高め、その地位は相対的に低下した。第二次世界大戦後の昭和二十（一九四五）年十二月に廃止（『岩波日本史辞典』）。

第三章　資生堂の創業

一般に、多くの企業家の活動をみると、パートナーの助力や補佐によって、事業が順調に進展することが多いものです。福原有信も、二人の盟友や恩師の協力と援助に支えられて、事業をスタートさせました。福原が資生堂を創業するにいたる過程の構想や、協力者との関係についてみてみることにしましょう。

一、資生堂誕生前夜

「三精社」の盟約と松本良順らの協力

福原有信と矢野・前田は、福原が海軍病院を辞する直前、三田（芝）札の辻にあった前田の家に集まりました。そこで、三人は、それまでの精神的な結びつきから一歩進んだ経済的協力を確かなものにする盟約を結んだのです。その内容は、「三精社」の定約書として残されています。

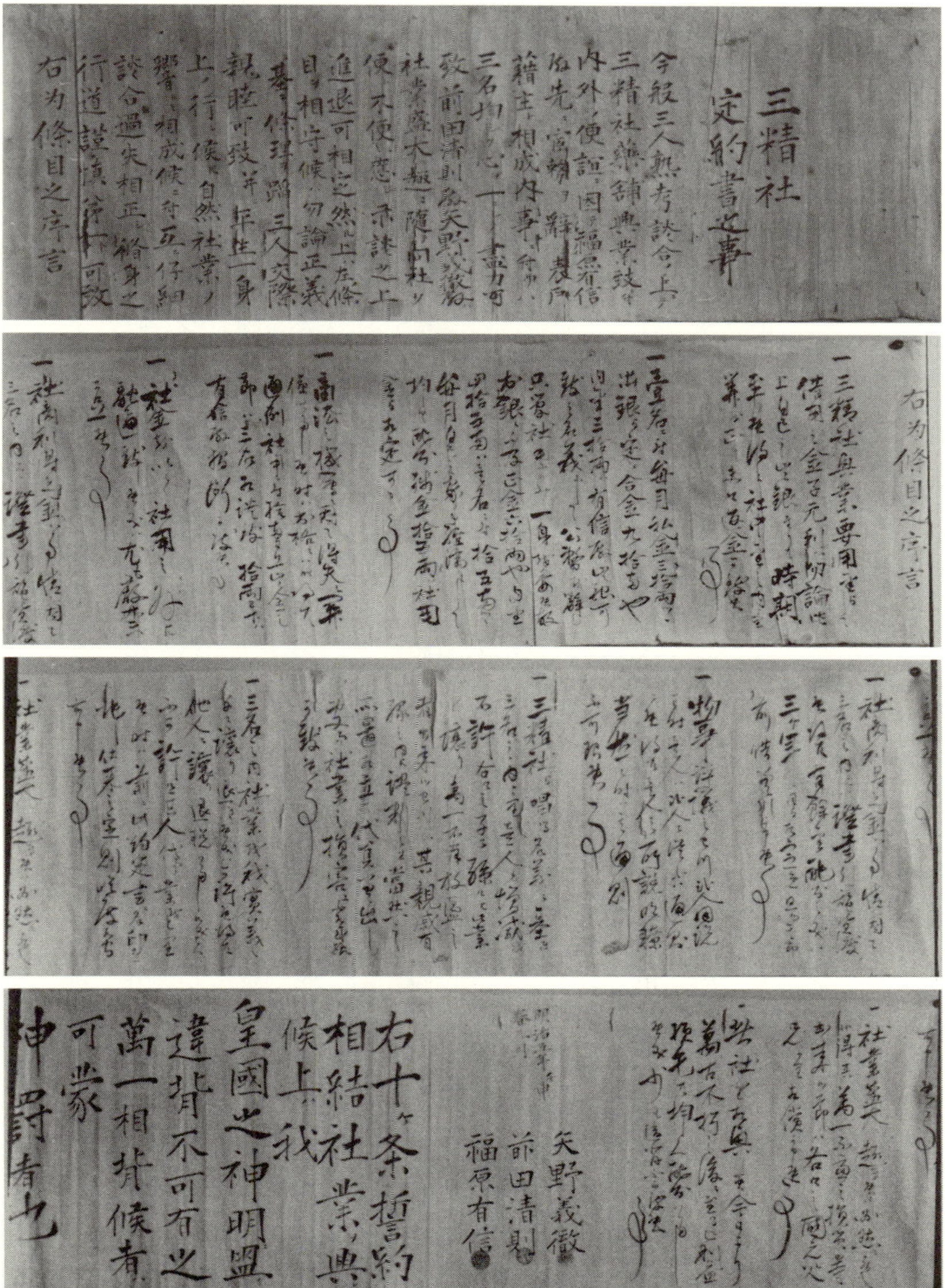

三精社の定約。３人はそれまでの精神的な結びつきから一歩進んで経済的協力を約し、日本で最初の洋風調剤薬局のほか西洋の新薬を扱う薬種業まで開業しようとした。

十箇条から成るこの盟約の目標は、三人の出資によって、日本で最初の洋風調剤薬局を開業し、さらに薬種業も営み、入手の難しい西洋の新薬も扱おうというものです。当時は、漢方が主流の時代であり、西洋の薬は陸海軍以外にはあまり使われていなかったのです。福原たちの基本構想は、いわゆる医薬分業でした。すなわち医師から処方を受けて、薬局が調剤するというものであり、その後も、長く実現が難しかった構想といえましょう。福原二十四歳、矢野二十六歳、前田二十五歳のときです。

ところで、この定約書ができる前後に、福原有信の三田の新居は火災で類焼しました。そして福原は、この年すなわち明治五（一八七二）年の二月二十六日、銀座築地の大火*で焼け残った新橋出雲町十六番地（銀座七丁目あたり）の土蔵付きの平屋を買って、引っ越しました。ここから、福原および資生堂と銀座との関係が始まることになります。

さて、三人が志に燃えてスタートをはかった「三精社」のほうは、資金計画に甘さがありました。用意した資金の大半は、出雲町十六番地（銀座七丁目四番地）の店舗を購入するためになくなり、予定した運転資金も、当面の調剤薬局の経営に充てられる程度であり、薬種業を兼営するほどの金額ではなかったのです。

そこで、福原は、退官の挨拶を兼ねて、松本良順や佐藤尚中を訪れ、三人の事業の構想について報告しました。すると、二人の恩師は、いずれも賛同するとともに協力を惜しまないことを約束してくれました。とくに松本は、福原がかつての同僚と比べて低い

銀座築地の大火
この大火によって銀座は全焼し、町の不燃化、すなわち有名な銀座煉瓦街の計画が進められることになる。関東大震災や戦火を経て、銀座の煉瓦建物は一切失われたが、現在、銀座一丁目に建てられている「煉瓦之碑」の下には、出土した煉瓦が敷かれており、当時を偲ばせる（『建築大辞典』他）。

易経
四書五経のうち、五経の筆頭に置かれる儒教の経典。本来は占いの書であったが、陰陽哲学や宇宙論を備えるに至り、世界観や人生観のみならず自然学の分野にまで大きな影響を与えた（『世界大百科事典』）。

現在の日本橋本町１丁目の様子。周辺は大通り（昭和通り）は首都高に分断され、両脇にビルが林立している。

地位に甘んじていたことを気にかけていましたので、福原が転身して事業を創始することを祝福して、「計画中の事業は大いに意義のあることだから、それは当初の計画通り進めるべきである」と賛同してくれました。そればかりではなく、「資金も何とかするから、それとは別に二人で薬舗会社をつくろう」と述べ、松本みずからも積極的に参加する意思を表してくれたのです。

二つの資生堂

福原有信に述べた共同事業を実現するために、松本良順は、薬種問屋街の日本橋本町一丁目（中央区日本橋室町二丁目一番）に、店舗を確保しました。そして、共同の新会社の社名は、資生堂と決まりました。この社名は、松本と福原が相談して決めたものですが、文字を実際に選んだのは、子供の頃から漢学に親しんだ福原でした。それは、『易経』*の坤卦《こんか》から選ばれたものです。

至哉坤元《いたれるかなこんげん》（地の徳はなんとすぐれていることか）
万物資生《ばんぶつとりてしょうず》（万物はこれをもとに生まれる）
乃順承天《すなわちしたがいてんをうく》（すなわち天を受ける徳である）

「万物資生《ばんぶつとりてしょうず》」という言葉に、未開拓の事業に取り組む福原らの意気込みがうかがわれます。開業時の資本金は不明ですが、開業資金は、三精社の三名が共同出資したほか、松本が奔走して多くの出資を仰いだとされています。こうして、明治五（一八七二）年八月に、まず松本と福原の共同経営による西洋薬舗会社の資生堂が開業のはこびとなったのです。

資本金については、福原の出資分については三精社の三名による共同出資とし、三名がこの資生堂に入社することになりました。会社設立の目的は、良質の洋薬を輸入あるいは生産して、粗悪品や偽物の横行を防ぎ、正しい調剤によって医療効果を高めることにありました。

ついで、明治五年九月十七日（旧暦八月十五日）、福原が購入して修繕の終えた出雲町十六番地の店舗に、資生堂の看板を掲げました。ここに三精社の目的であった調剤薬局

渋沢栄一
一八四〇（天保十一）～一九三一（昭和六）年。幕末にヨーロッパ諸国を歴訪し、近代的技術、経済制度を見学。維新後、第一国立銀行をはじめ五百以上の多様な企業の設立に関わる。日本資本主義の父とも呼ばれる明治を代表する実業家（『日本近現代人名辞典』）。

静岡商法会所
新政府からの借入金や地元商人からの出資金をもとに、投資信託業務、商品の売買、貸付業務および共済事業を行った組織。同会所は設立八カ月で、利益金約八万五〇〇〇両（現在の額にして約六億四〇〇〇万円）の業績をあげた。その形態は、現在の株式会社制度の源流ともいわれる（「渋沢栄一と静岡商法会所」）。

明治30年頃の第一国立銀行。国立とあるが、民間の資本・経営による初の株式会社。現在のみずほ銀行につながる。

の資生堂が、開業したのです。二つめの資生堂です。もし修繕が間に合わない場合は、本町一丁目の資生堂薬舗会社を調剤薬局の仮営業所として開業する予定でした。しかし、思いのほか順調に進んだのでした。なお、この出雲町の資生堂は、本町一丁目の資生堂薬舗会社の支店としても位置づけられました。本町の西洋薬舗会社の資生堂と出雲町の資生堂調剤薬局の関係は、密接なものであったのです。

ところで、この時代の日本の会社組織は、まだ揺籃期にありました。明治二年に新政府の指導により、全国八カ所に通商会社・為替会社が設けられたのが「会社」という文字が付されたさきがけとされています。しかしこれは、有限責任なども意識されることなく、多くの出資を募る株式会社とはほど遠いものでしたし、ほとんどが失敗に終わりました。この時期、例外的と言ってよいほど成功したのは、ヨーロッパから帰国したばかりの若き渋沢栄一[*]が関係した静岡商法会所[*]くら

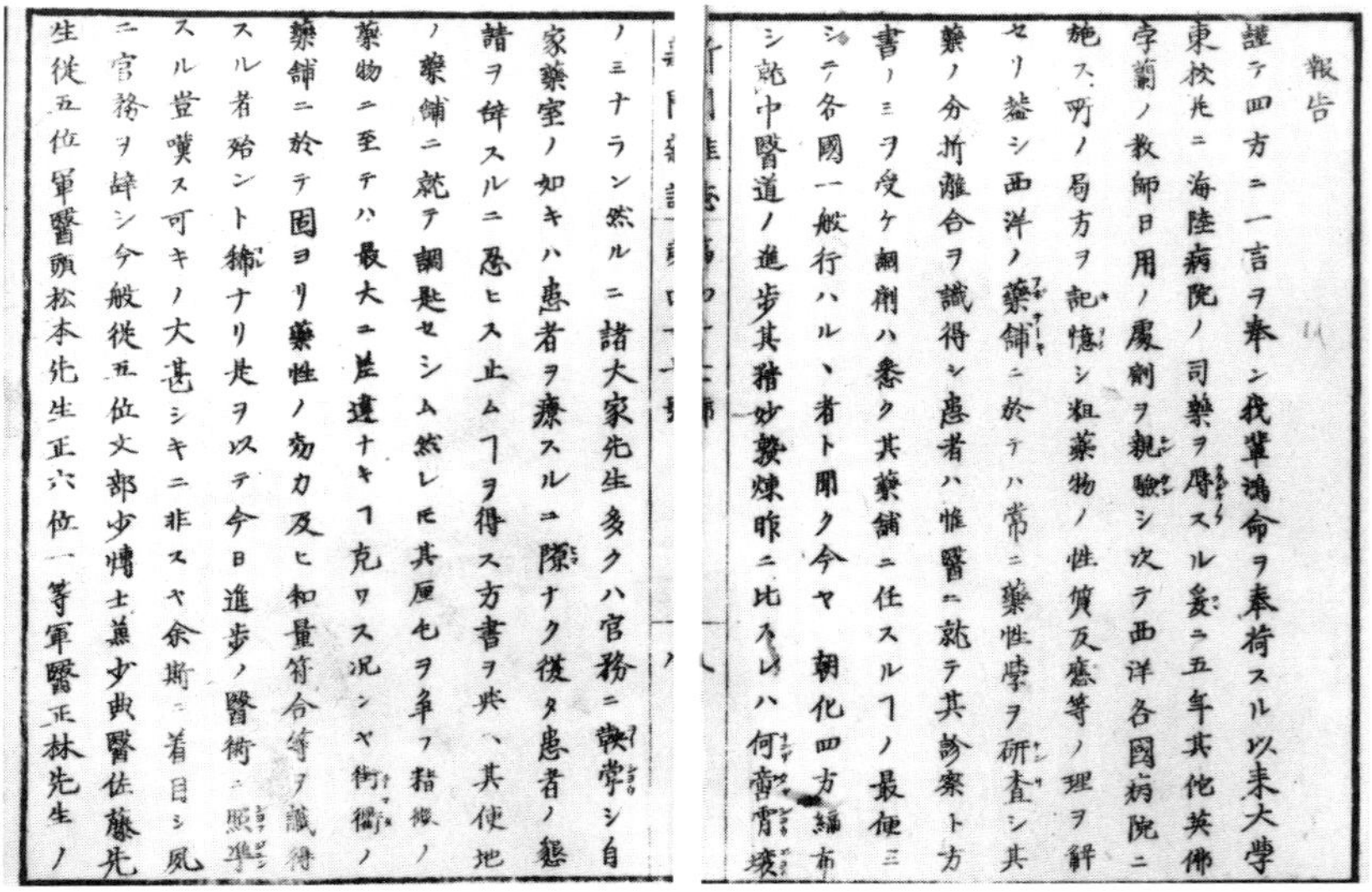
報告
謹テ四方ニ一言ヲ奉シ我輩鴻命ヲ奉荷スル以来大学
東校并ニ海陸病院ノ司薬ヲ辱スル爰ニ五年其他英佛
字蘭ノ教師日用ノ屡剤ヲ親験シ次テ西洋各國病院ニ
施ス所ノ局方ヲ記憶シ粗薬物ノ性質及應等ノ理ヲ解
セリ蓋シ西洋ノ薬舗ニ於テハ常ニ薬性学ヲ研査シ其
薬ノ分析離合ヲ識得シ患者ハ惟医ニ就テ其診察ト方
書ノミヲ受ケ剤ハ悉ク其薬舗ニ任スルヿノ最便ニ
シテ各國一般行ハル、者ト聞ク今ヤ　朝化四方ニ編布
シ就中医道ノ進歩其猶妙驚嫌昨ニ比スレハ何啻霄壌
ノミナラン然ルニ諸大家先生多クハ官務ニ鞅掌シ自
家薬室ノ如キハ患者ヲ療スルニ隙ナク從タ患者ノ懇
請ヲ辞スルニ忍ヒス止ムヿヲ得ス方書ヲ與ヘ其使地
ノ薬舗ニ就テ調匙セシム然レ圧其原モヲ弁フ精微ノ
薬物ニ至テハ最大ニ差違ナキヿ克ワス況ンヤ術衛ノ
薬舗ニ於テ固ヨリ薬性ノ効力及ヒ和量符合等ヲ識得
スル者殆ント稀ナリ是ヲ以テ今日進歩ノ医術ニ照準
スル豈嘆ス可キノ大甚シキニ非スヤ余斯ニ着目シ夙
ニ官務ヲ辞シ今般従五位文部少博士兼少典医佐藤先
生従五位軍医頭松本先生正六位一等軍医正林先生ノ

「新聞雑誌」第47号に掲載された資生堂の開店予告の広告の一部（明治５年６月）。「謹テ四方ニ一言ヲ奉シ」で始まる文章に、思いのたけを込めている。

いでした。

ちょうど、資生堂が開業した明治五年、アメリカのナショナル・バンクにならった国立銀行条例が制定され、翌年に、第一銀行はじめ四行が株式会社として発足します。明治九年の改正条例を経て、全国に一五三の国立銀行が設立されるにいたります。これが、日本の株式会社普及の一つのきっかけとなりました。いずれにせよ、この時期の会社設立は、こうした個別の条例などにもとづく許可制となっていました。

本町の松本と福原らによる西洋薬舗会社資生堂は、福原ら三名が入社するときに取り交わした「条約書」に「万一社商損毛等出来候時ハ同く三頭ニ割合互ニ勉励消却可致」とあることから、松本と福原ら四人が無限責任の機能資本家であって、彼らによる合名会社形態に近いものであったと推測されます。

また翌明治六年には、薬舗の開業が許可制となりますが、その第一号は堀井勘兵衛*、第二号が福原であっ

堀井勘兵衛
堀井は薬種問屋・藤屋を開業。後、大日本製薬合資会社支配人も務めた（『日本現今人名辞典』）。

たとされています。

二、順調な船出と苦難の経営

事業の拡大と挫折

さて、西洋薬舗会社資生堂は、松本や福原の信用もあって、華々しいスタートとなりました。

西洋の進んだ新薬の輸入とその正確な用法によって医療効果を高めることを標榜し、粗悪品と間違われることのないように、扱う薬品の包装に資生堂の印章を附して、品質を保証しました。こうした新しい試みは、従来の薬種問屋に大きな衝撃を与えました。それだけではなく、こうした事業の理念と品質保証が功を奏して、宮内省御用達を命ぜられ、さらに陸海軍両省および官立・公立の病院などに薬品を納入するまでになりました。また、大阪や下関をはじめ、地方にも資生堂の代理店や支店などの販売店組織が築かれるほど、事業が拡大したのです。

しかし、福原有信らの理念は、良い医薬品を陸海軍はじめ多くの顧客に低廉で供給することにありましたので、大量の輸入代金、多額の運転資金および金利負担がかさんで

明治７～８年頃、ガス街路灯の建つ銀座煉瓦街。江戸のおもかげとはかけ離れた西洋式の町並みは人々を大いに驚かせたことであろう。

いきました。このため、結局、西洋薬舗会社資生堂は、明治七（一八七四）年十二月に閉鎖され、三井組の手に委ねられることになったのです。なお、その後、三井資生堂はしばらく続き、明治の中頃には中田資生堂と改称されましたが、大正初年には姿を消しています。

夜逃げも考えた試練のとき

一方、福原有信が、明治六（一八七三）年に新たに購入した大通りの出雲町一番地の土蔵付家屋は、前年二月二十六日の銀座築地の大火の反省から立案された銀座煉瓦街計画*が実施に移されることになり、出雲町十六番地の資生堂薬局とともに退去を命じられました。煉瓦街は同年十二月には早くも竣工し、福原ら前居住者に優先的に払い下げられることになりました。赤い煉瓦の家屋が、京橋から新橋にかけて軒を並べる西洋風の町並みは、新しい東京の象徴でもありました。福

銀座煉瓦街計画
都市の不燃化と西欧化をめざして時の政府が命じた銀座の再生計画。イギリス人技師・ウォートルスを招き設計を依頼。現在の銀座一～八丁目をすべて煉瓦造の建物とする計画を進めた。煉瓦造の建物は不燃化には貢献したが、大正十二（一九二三）年の関東大震災によりもろくも瓦解した（『建築大辞典』他）。

原は、翌年一月、その文明開化の風かおる一等煉瓦家屋の出雲町一番地に資生堂を移し、新たに「洋風調剤薬局資生堂」の看板を掲げました。

大通りに出た調剤薬局資生堂は、角地に回陽医院を設けて、創業の主旨すなわち医薬分業を実現させることになりました。医院の責任者は松本良順であり、彼は軍務の合間を縫って来診しました。他に、福原の大学東校時代の友人なども診療に加わってくれたのです。こうして、念願の三精社の理念が、名実を備えることになったのです。

しかし順風満帆に思えた資生堂は、急に行き詰まることになりました。すでに述べた本町一丁目の薬舗会社の負債の影響は、当然のことながら、調剤薬局資生堂にも及びました。このため、翌明治八年一月、福原有信は三精社を解散し、店を個人経営に切り替えました。これは、盟友に負債の責任が及ぶのを懸念してのことと思われます。

明治十年四月には、大通りの出雲町一丁目の店舗を家具商の杉田教一郎に売却し、二等煉瓦街として新生成った横通りの元の出雲町十六番地の場所に退きました。このとき、回陽医院も閉鎖したのです。

福原にとって、この数年間は「一時は夜逃げしようかとも思った」ほどの大きな試練のときでした。店内の商品も担保にとられ、債権者に詰め寄られることもありましたが、「現状を正直に話し、奮励努力して返済」することを誓ったと後に述懐しています。

後にみる花王の長瀬富郎やライオンの小林富次郎もそうですが、創業企業家の多くは、その事業活動の初期に辛酸をなめることが多いのです。しかし、いずれの企業家も、そうした困難を克服することを通じて、気をつけるべきこと、注意すべきことを学び、堅実な経営のあり方を学んでいきます。さらに、多くの支えとなる人々の助力を得ることを通じて、企業家としての社会性と、事業活動のあり方や社会貢献への志向を学んでゆくのです。この時期の福原も、いわばそうした、企業家としての資質を具備するための試練のときであったと思われます。

第四章　資生堂の事業展開

試練を克服して再起を果たした福原は、その後、薬学の知識を基礎に、新たな事業を始めます。また福原の資質を見込んだ支援者のサポートは、その事業を大きく飛躍させることになります。これによって、事業を多角化し、さらに事業のドメインを化粧品へと拡げてゆくことになるのです。ここでは、そうした福原の新たな事業の展開の過程についてみてみることにしましょう。

一、営業方針の転換

一般向け売薬への方向転換

さて、明治十（一八七七）年の西南の役*や、同年に発生したコレラの流行によって、医薬品への需要が高まり、不況に苦しんでいた薬業界では、回復の好機を得ることになりました。

西南の役
西南戦争とも。明治維新以後、新政府に不満をもつ士族の反乱が各地で起こったが、西南の役は西郷隆盛を中心とする最大かつ最後の反政府暴動。鎮圧後、反政府運動は自由民権運動に形を変えて展開されるようになる（『角川新版日本史辞典』他）。

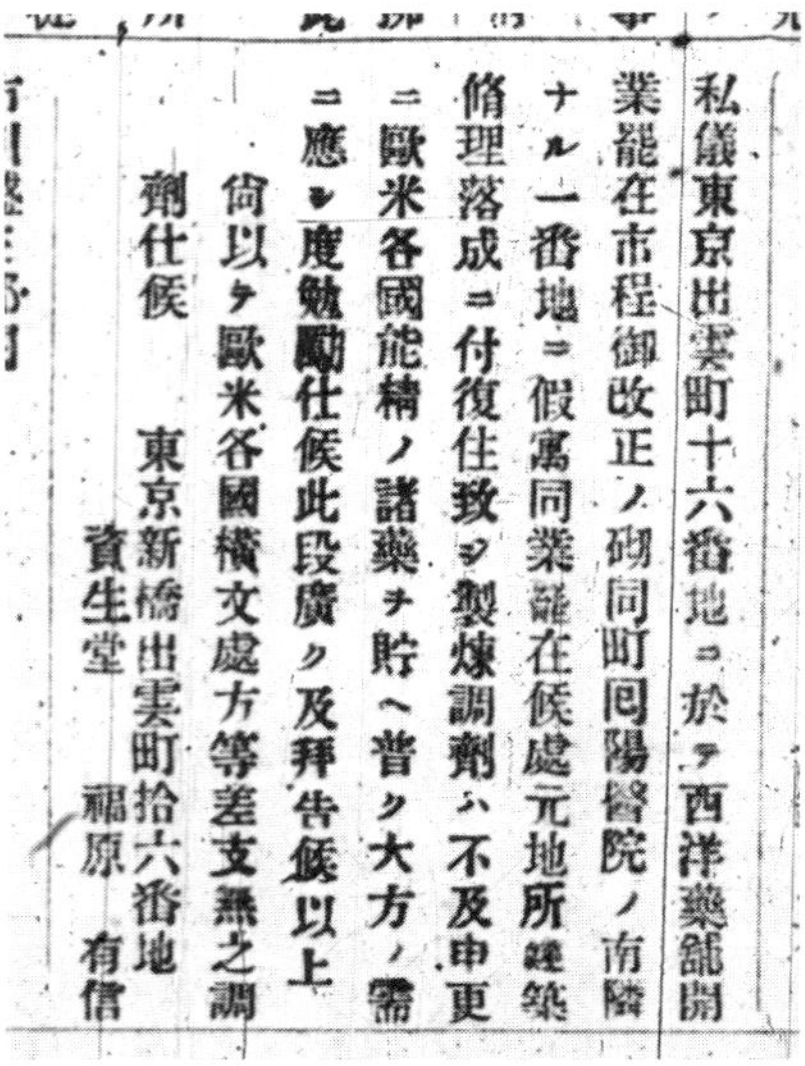

私儀東京出雲町十六番地ニ於テ西洋薬舗開
業罷在市程御改正ノ砌同町囘陽督院ノ南隣
ナル一番地ニ假寓同業罷在候處元地所建築
修理落成ニ付復住致シ製煉調剤ハ不及申更
ニ歐米各國能精ノ諸薬ヲ貯ヘ普ク大方ノ需
ニ應シ度勉勵仕候此段廣ク及拜告候以上
尚以テ歐米各國横文處方等差支無之調
剤仕候
東京新橋出雲町拾六番地
資生堂　福原有信

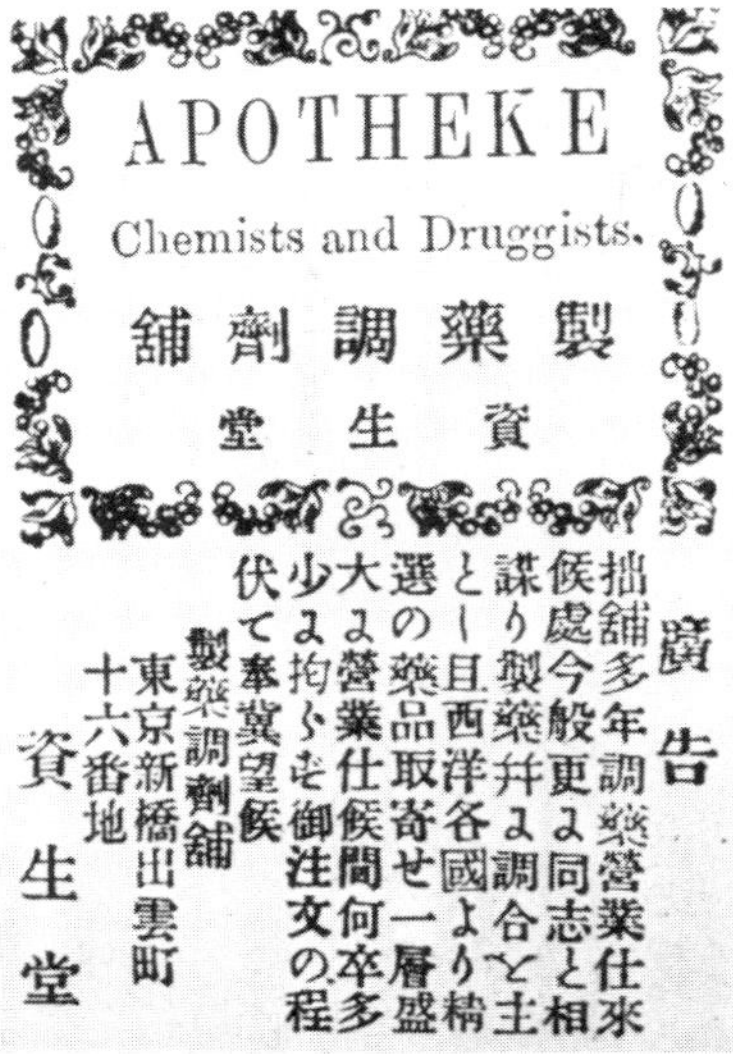

APOTHEKE
Chemists and Druggists.
製薬調剤舗
資生堂

廣告
拙舗多年調薬営業仕来
候處今般更ニ同志と相
謀り製薬幷ニ調合と主
とし且西洋各國より精
選の薬品取寄せ一層盛
大ニ営業仕候間何卒多
少ニ拘らず御注文の程
伏て奉冀望候
製薬調剤舗
東京新橋出雲町
十六番地
資生堂

明治８年（右）と同10年代（左）の資生堂の新聞広告。依頼に応じた調剤と製薬だけでは限界を感じた有信は、一般の人たちに向けて積極的に広告を打っていくようになる。

しかし、従来通りの、依頼に応じた調剤と製薬だけでは限界があります。思索のうえ福原は、個人経営となった調剤薬局資生堂の業務を、売薬の生産と販売へと拡げることとしたのです。都内や地方の一般需用者への市場を拡大させるという、営業方針の大きな転換でした。

福原の薬学の知識が生かされた売薬は、資生堂薬局のほか、他の薬店にも卸売りされました。明治十三年の薬店宛ての案内ハガキの文面によると、鎮静剤（神令水）、婦人薬（清女散）、育毛剤（蒼生膏）、消化剤（愛花錠）などを販売しています。

こうした売薬の生産と販売によって、資生堂の経営は、安定に向かうことになりました。有信夫人の徳の内助の功に支えられて、資生堂の事業は進展し、明治十七年には、「健胃強壮ノ功」をうたったペプシネ飴を発売しました。その広告文によると、「資生堂福原徳製」とされているので、徳夫人も有信と同じく免許を

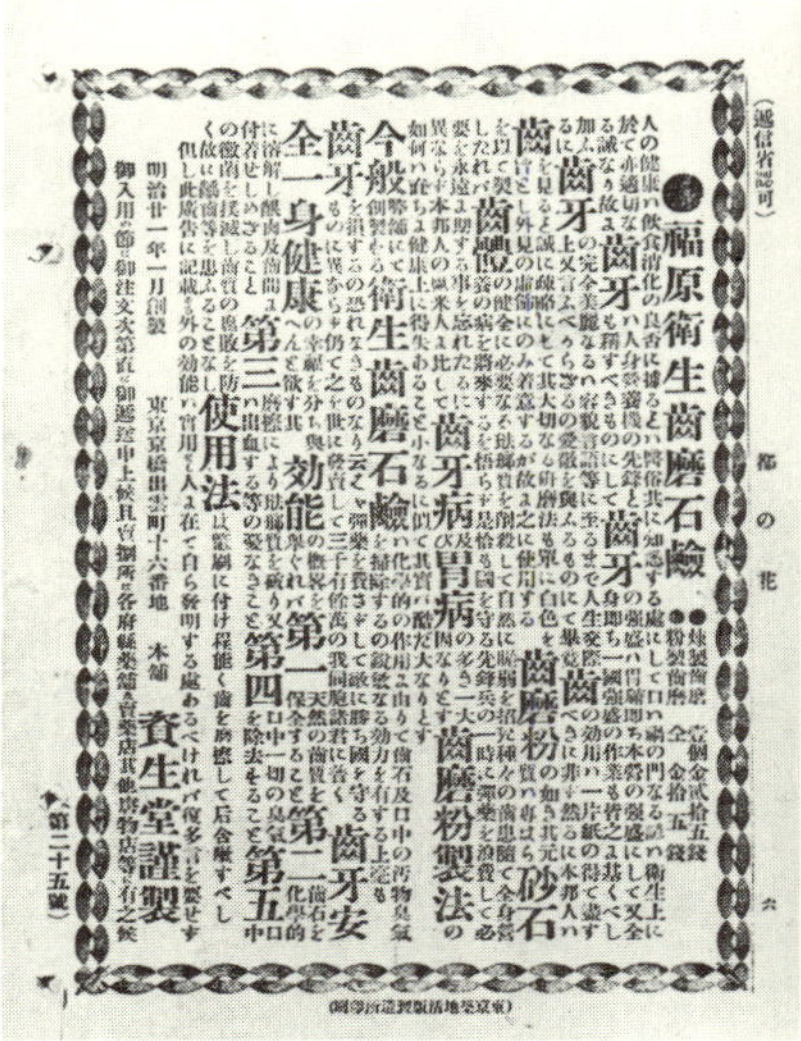

明治 22 年「都の花」に掲載された歯磨石鹸の広告（左）と明治 21 年発売の「福原衛生歯磨石鹸」（複製）。日本で初めての煉り歯磨きだった。

もっていたと思われます。

日本で初めての煉り歯磨き

明治二十一（一八八八）年一月には、福原衛生歯磨石鹸が発売されました。薬学的な基礎に根ざした化粧品の製造を考えていた福原の構想を実現させた商品であり、日本で初めての煉り歯磨きです。歯磨石鹸という名称は、石鹸のように固めてあり、これに歯ブラシを湿らせて用いたからです。

当時は、まだチューブ入りの歯磨きはなく、粉歯磨きが一般的で、袋入りまたは箱入りで、価格は一個二銭程度でした。*かけそば一杯一銭程度の時代です。それと比べると、この歯磨石鹸は、一個二五銭と高価であったのです。翌年十月の広告文によると、その効能は次のように表現されています。

第一　天然の歯質を保全すること。
第二　歯石を化学的に溶解し、*齦《こん》肉及歯間に付着せしめざること。
第三　摩擦により琺瑯質《ほうろうしつ》を破り又は出血する等の憂なきこと。
第四　口中一切の臭気を除去すること。
第五　口中の黴《ばい》菌を撲滅し歯質の腐敗を防ぐ故に*齲歯《うし》等を患ふることなし。
（「都の花」第二十五号、明治二十二年十月、『資生堂百年史』四四頁）

使用感としても、粉石鹸のように飛散することもなく、現在のチューブ入りと同様であったため、海軍にも大量に納入することとなって好評を博しました。
明治二十三年の四月から七月にかけて上野公園で開催された第三回内国勧業博覧会でも、褒賞を受けました。その褒状に添えられた証明状によると、「各成分の撰択及配合、頗《すこぶ》る宜しきに適し、化学上に於ては、各互に、相分解するの作用なきのみならず、亦た之に触るべき歯牙実質及び口内の諸繊質を侵すの虞《おそ》れは毫も存在せず」と品質の優良さが保証されています。
こうしたことにより、価格が高めであっても、それに見合うだけの品質の良さということが定評となりました。このため、模造品が出まわるほどでしたが、この歯磨石鹸の販売実績によって、個人経営となった資生堂の経営は、より安定したものとなっていき

かけそば一杯一銭
当時のものの価格については一八三頁表参照。

齦肉
「齦」の「艮」は根のことから、歯の根を包む肉、はぐきの意。「はぐきや歯の間に歯石を付着させないようにする」が第二の文意となる（『大漢和辞典』他）。

齲歯
「齲」一字でも「虫歯」の意。第五は「口の中のばい菌をなくし、歯の質を健康に保つため虫歯の心配がいらない」の意となる（『大漢和辞典』他）。

石神良策
文政四（一八二一）～明治八（一八七五）年。薩摩生

まれ。戊辰戦争でイギリス人医師ウィリスの下で治療にあたり、後、横浜軍陣病院医師頭取、東京大病院頭取などを歴任。一旦、鹿児島に戻り鹿児島医学校教授となるも、再び上京し兵部省海軍病院付となり海軍病院長も務めた（『日本人名大辞典』他）。

ました。

二、権威の後ろ盾を得て

一流病院からの指名で信用を得る

ところで、その翌年、明治二十四（一八九一）年の二月一日に海軍軍医総監の高木兼《たかきかね》寛《ひろ》が、芝区愛宕町二丁目に開業した東京病院（明治十五年の有志共立東京病院とは別）の薬局を、資生堂が担当することになりました。高木は、福原有信の医薬分業の考え方を支持していたと思われ、これまでも個人としての診察の処方箋では、資生堂を指名していました。

東京病院は、贅を尽くした施設が評判でした。その患者の多くが上流階級の人々で、日本実業界の巨頭、渋沢栄一も高木の患者の一人になりました。こうしたことから、その薬局を営む資生堂の名がそれらの人々

高木兼寛。明治維新の混乱の際、西洋医学をみた高木は、やがて海軍医学界の中心となっていく。

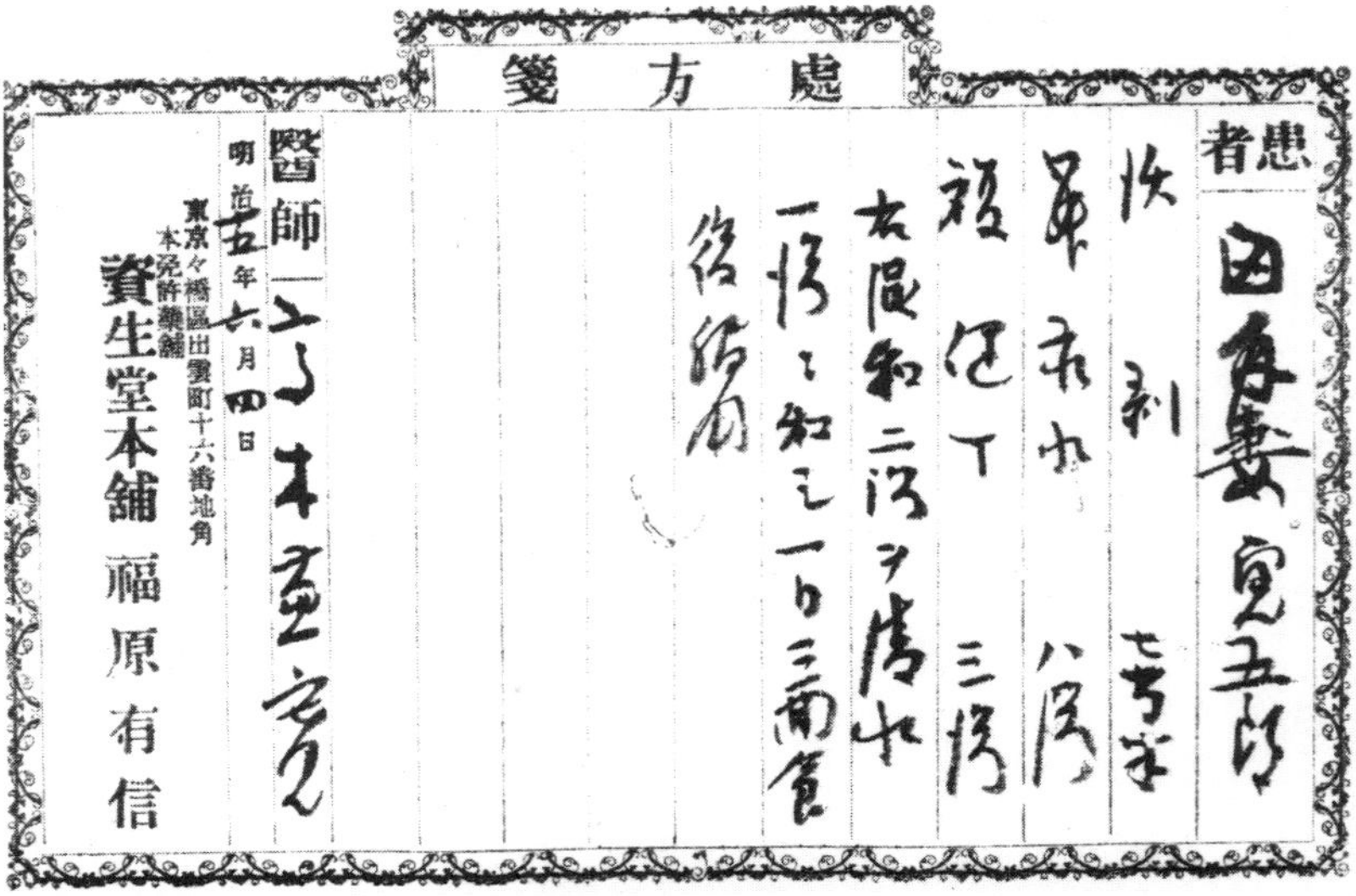

高木兼寛の処方箋。高木は有信の医薬分業の考え方を支持していたと思われ、個人としても処方箋で資生堂を指名していた。

に知れ渡り、信用を高めることにもなったのです。

さて、その資生堂にとって社業発展の恩人ともいうべき高木兼寛は、嘉永二（一八四九）年に宮崎県に生まれました。十三歳で鹿児島の石神良策*の門に入って医学を学び、岩崎俊斎のもとで漢学を学びます。二十歳のときに鹿児島九番隊の軍医となって戊辰戦争に加わり、東北征討軍とともに会津若松まで赴きました。松本良順は対立する旧幕府側の軍医となったのですから、立場は異なりますが、同じ負傷兵の治療の役割を担うことになっていたのです。そこで、高木は、漢方医に比べて、西洋医学を修めた軍医たちの治療の見事さに大きな衝撃を受けます。

郷里に戻った後、高木は西洋医学を志し、鹿児島に出て鹿児島医学校（藩立開成学校）に入学します。ちょうどその頃、東京から前述のウィリスが赴任してきたのです。高木は、ウィリスからイギリス医学と英語を学びます。そして、先に述べた福原が海軍病院を辞

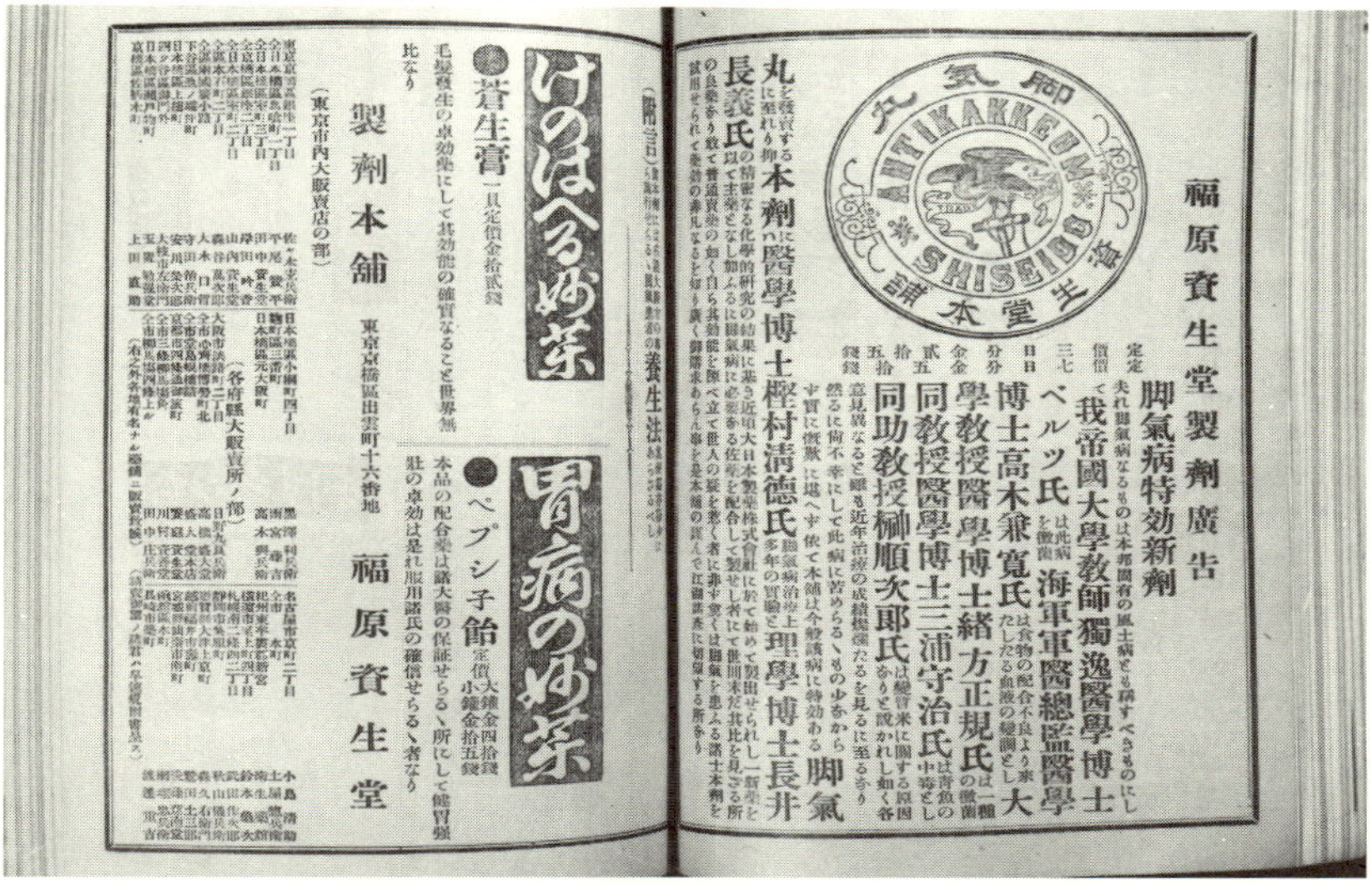

明治 26 年「日本薬業新誌」243 号に掲載された広告。並列の「けのはへる妙薬」、「胃病の妙薬」と違って「脚気丸」は研究者の名前を列挙するなど、大々的に効用を謳っている。

するきっかけとなった海軍軍医部の創設に際して、高木の師である石神良策がその主宰者となりました。そこで、門弟筋の高木が招聘されて明治五年四月に海軍省九等出仕となったのです。

明治八年から三年間のイギリス留学で優秀な実績を残して帰国後、高木は、明治十四年に成医会講習所（東京慈恵会医科大学の前身）、翌十五年には有志共立東京病院（東京慈恵会医科大学病院）をそれぞれ発足させています。その頃高木は、海軍内部でも東京海軍病院長を経て海軍医務局副長に就いており、海軍の医学界の中心人物となっていたのです。

脚気論争と特効薬「脚気丸」

イギリスから帰国した直後から、高木は当時海軍でも患者の多かった、*脚気《かっけ》に大きな関心を寄せていました。高木は、その原因を究明するなかで、米食だけの水兵の糧食に問題があることに気づいたのです。そこで、軍艦「筑波」を借り切り、白米を排した主食と肉や野菜を中心とする糧食を与えるという、大がかりな臨床実験も試みました。その結果、一人の脚気患者の発症もなかったのです。こうして、高木は、脚気の予防策を実証的に明らかにしました。しかし、脚気の原因の究明にはいたりませんでした。このため、高木は大きな批判を浴びて、脚気の原因をめぐる大きな論争が展開されることになったのです。

高木を批判する人々は、当時ドイツ医学が重視していた細菌が原因と主張しました。東京帝国大学の緒方正規をはじめ、同大学の大沢謙三、内務省衛生局の長与専斎、陸軍軍医総監石黒忠悳らが、そうした批判的な立場にありました。当時陸軍一等軍医であった森林太郎（鴎外）も、そうした批判を浴びせた人々の一人でした。ちなみに北里柴三郎は、緒方の細菌説に反対する論文を海外から寄せたといわれています。

そうした論争が展開されるさなかの明治二十六（一八九三）年、資生堂では、脚気病特効薬の脚気丸を発売したのです。それは、高木説を支持するかたちのものでした。翌明治二十七年七月の新聞広告には、次のように記されています。

脚気病は未だ其原因療法なし。只だ対症療法あるのみ。本舗発売の「脚気丸」は山竜堂病院長医学博士樫村清徳氏が多年の実研と、理学博士長井長義氏が化学的成分の研究

脚気
ビタミンB1の欠乏により、足の感覚が麻痺したりすねにむくみが出て、悪化すると心不全と末梢神経の障害をきたす病気。ビタミンの存在が知られていなかった明治時代には原因不明の病気として恐れられた。明治天皇も脚気に苦しんでいたといわれる（『最新医学大辞典』、『高木兼寛伝』他）。

鈴木梅太郎
明治七（一八七四）～昭和十八（一九四三）年。静岡生まれ。東京農林学校（現・東大農学部の前身）に入学し、植物生理化学を学ぶ。後、脚気を治す成分として米糠からアベリ酸を発見し「オリザニン」と名づけて発表。また高峰譲吉らと理

化学研究所創立委員となり、研究室を指導してビタミン研究などを行った（『日本近現代人名辞典』）。

報告を経たる一新薬を主とせし者《ママ》にして、対症的療法、利水利尿を高め、脈搏鎮静の副作用を全ふするより、脚気病の特効剤として、諸大家の賞用せらるる売薬外の売薬なり。本邦売薬中、医師の投薬に充るものは、唯に我「脚気丸」あるのみ。

（「東京朝日新聞」明治二十七年七月六日、『資生堂百年史』四七頁）

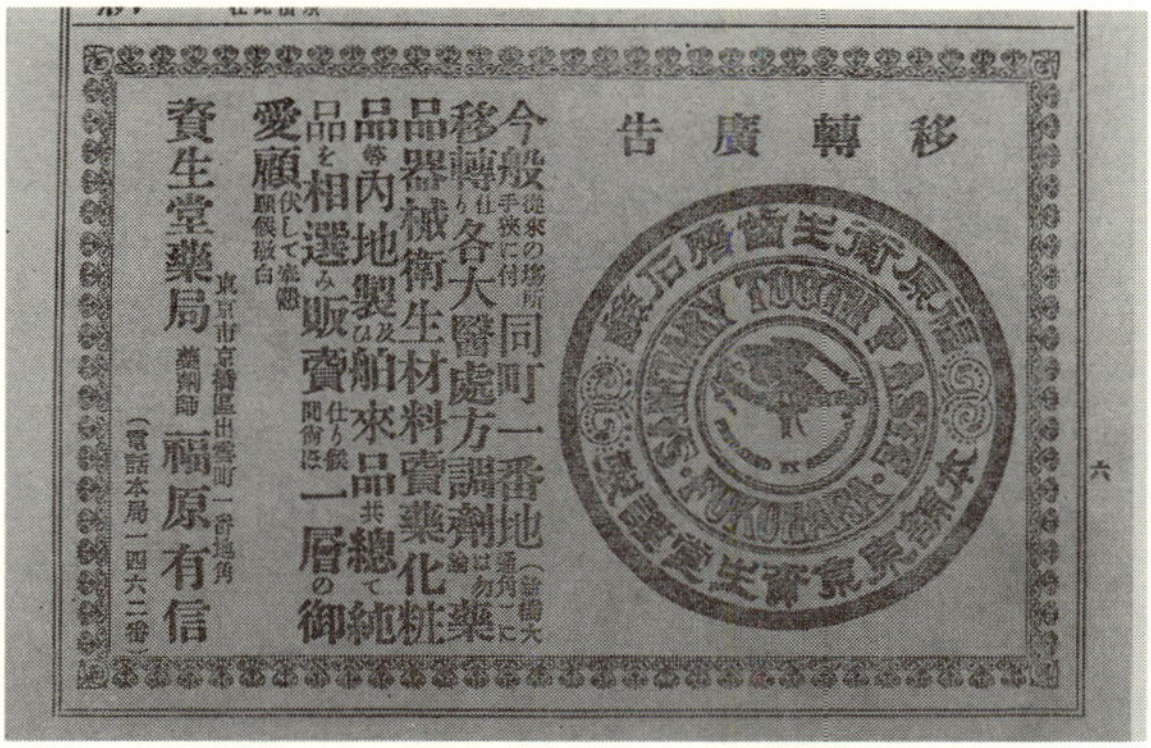

明治30年3月「風俗画報」に掲載された移転広告。資生堂は、大通りの店舗を買い戻し、再び出雲町1丁目で営業を再開することになった。

内科学の権威・樫村清徳と、薬学の権威・長井長義との協同による製薬でした。すでに述べたように、長井と福原の縁は大学東校時代にさかのぼります。医学・薬学の世界の二人の権威の後ろ盾を得て、脚気丸は医師の投薬にも用いられるほどの信用を得ました。その処方の詳細は不明ですが、日本で最初のビタミン薬であったとされています。鈴木梅太郎*がビタミンBの抽出に成功したのは明治四十三年のことですから、脚気丸の発売は、それよりも十七年も前のことになります。

ちなみに、福原と高木の信頼関係は、後にみる帝国生命保険（現・朝日生命）の設立の際にも、大きな助力となるのです。また長井は、その後の資生堂の売薬発売のたびに、資生堂の力となり、後の内国製薬（のちに三共製薬に合併）設立の際には、福原が社長、長井が最高顧問となるほど、絆を強くしてゆくことになります。

なお、高木の東京病院は、高木の亡くなる大正九（一九二〇）年まで、二十一万人の患者の治療を行ったとされていますが、東京病院の資生堂薬局がいつごろまで継続したのかについては明らかではありません。

三、化粧品の取り扱いと販路の拡大

初めての化粧品販売

明治二十九（一八九六）年十二月、資生堂は、大通りの出雲町一丁目の店舗を買い戻して、翌三十年一月から、大通りで営業を再開することになりました。十六番地に退いてから二十年目のことでした。

この年、資生堂は、初めて化粧品を製造し、発売しました。化粧水のオイデルミン（二五銭）、ふけ取り香水の花たちばな（六〇銭）、頭髪用の改良すき油の柳糸香（五〇銭）の三品です。このうちオイデルミン（Eudermine）は、長井長義の処方と命名によるもので、ギリシャ語の「良い」を意味するオイ（EU）と、「皮膚」を意味するデルマ（DERMA）に由来します。「資生堂の赤い水」と呼ばれて、その後長く消費者に親しまれるロングセ

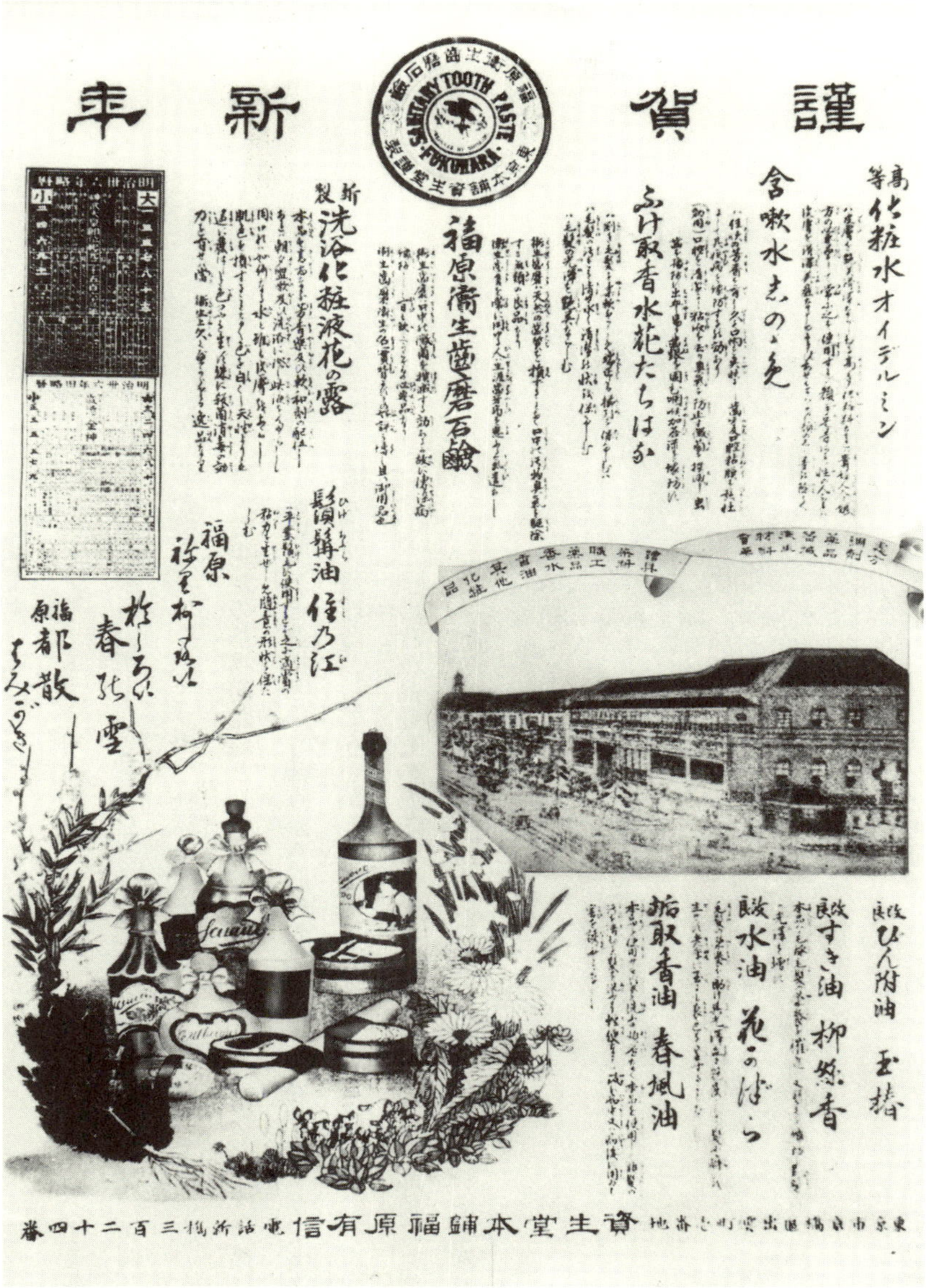

明治36年の資生堂の年賀ポスター。オイデルミンのほか、ひげ油 住の江、改良おしろい 春の雪、びん付油　玉椿、すき油柳糸香などのラインナップがわかる。

ラー商品となってゆきます。

　これらは、いずれもメイクアップ用化粧品ではなく、皮膚のケアを目的とする基礎化粧品です。まだまだ紅や白粉《おしろい》が中心であった当時の化粧品業界にあっては、異例ともいえたのです。その後、メイクアップ用化粧品を加えていく過程においても、肌のケアを尊重することは、資生堂の基本的路線として踏襲されていくことになります。後にみる花王の場合も、肌のケアと洗浄という観点から石鹸の品質にこだわりますが、清浄という観点が商品開発の共通理念としてうかがわれます。

　オイデルミンなど三種の化粧品発売の翌年末になると、次のような十品種にも増えています。当時の広告文から、商品名と価格をみてみましょう。

オイデルミン（複製)。「資生堂の赤い水」と呼ばれてロング・セラー商品になっていく。

○高等化粧水　オイデルミン（一箱三個入　金七五銭）
○改良びん付油　コラキン　玉椿（一本　金二〇銭）
○改良すき油　メラゼリン　柳糸香（一箱三個入　金一円五〇銭）
○ふけとり香水　ラウリン　花たちばな（一箱三個入

金一円八〇銭）
○改良水油　オイトリキシン　花かつら（一箱三個入　金一円二〇銭）
○あかとり香油　アネモシン　春風油（一箱三個入　金一円二〇銭）
○ひげ油　フロミネン　住の江（一箱三個入　金九〇銭）
○改良おしろい　イリアンチン　春の雪（一箱三個入　金二円一〇銭）
○高等ねりおしろい（一箱三個入　金七五銭）
○うがひ水　エチオン　しののめ（一箱三個入　金九〇銭）

これらのうち、ひげ油は、当時流行していたカイゼル髭*の口ひげを左右にはねるために使用されるものです。また、スキンケア商品のほかに、メイクアップ用化粧品の白粉《おしろい》が加えられていることもわかります。

これらの化粧品は、いずれも「医科大学教授理学博士長井長義先生の考案」により「今般弊堂に於て製造販売したるものにして、其品質の良好、其体裁の優美なる、真に高等化粧料の名に背かざるは、弊堂の深く信ずる所なり」として、「江湖の紳士・貴婦人・令嬢諸君、普《あまね》く御愛用のうえ、高評を賜らん事を願候」と消費者に呼びかけています（「風俗画報」第一八一号・明治三十二年一月二十五日、『資生堂百年史』七一頁）。

カイゼル髭
カイゼルはドイツ語で「皇帝」の意味。プロイセンの皇帝ウィルヘルム二世がこの髭を蓄えていたために、こう呼ばれた。左右両端を上に跳ねあげた八字型の口ひげ（『日本国語大辞典』）。

大阪・朝日堂に勢ぞろいした「福原衛生歯磨石鹸」のひろめ屋。東京のほか、大阪や名古屋でも次第に大きな取次店を確保していく。

大都市の問屋と販売戦略

ところで、明治三十三（一九〇〇）年前後の広告文をみると、東京のほか、名古屋や大阪にも、大きな取次店を確保していることがわかります。東京では、つやぶきん本舗こと佐々木玄兵衛商店や、後に西のクラブに対して東のレートと並び称される平尾商店、名古屋ではメリヤス問屋の金森商店、大阪では、後に資生堂販社の母体の一つとなる伊藤朝日堂、後に花王の関西総代理店となる大崎組などが、福原衛生歯磨や化粧品の取次店としてあげられています。

このうち平尾商店などは、まだ売薬化粧品卸業でした。この頃になると、化粧品もようやく売薬の範疇から独立して併記されるようになったことがわかります。また、化粧品の製造と卸業を兼ねていた店も多く、平尾も伊藤朝日堂もそのようなタイプの業者であったのです。

いずれにしても、このような大都市の大きな問屋と販売契約を結ぶことによって、そこを拠点に、東日本、中京地域、そして西日本へと販売網の拡大を期したのです。

四、広がる「資生堂」

ソーダ・ファウンテン登場

後でみるように、福原有信は、資生堂の経営を越えて幅広く活躍しますが、明治三十三（一九〇〇）年には、パリ万博見学と保険事業視察をかねて欧米に出かけました。この視察で見学したアメリカのドラッグストア*にならって、明治三十五年に、資生堂では、店内に新しい小売業態を設けました。ソーダ水とアイスクリームの製造・小売と軽食の販売を行う、ソーダ・ファウンテン（後の資生堂パーラーの発祥）です。ソーダ水の製造機はもとより、コップやストロー、シロップ、スプーンなどまでアメリカから取り寄せたとされています。

この店は、資生堂アイスクリーム・パーラーとも呼ばれ、永井荷風はじめ文化人も多く立ち寄り、小説の舞台としても登場することになったのです。

ドラッグストア
アメリカ式の商店で、薬・雑貨・日用品・雑誌・タバコなどを売るほか、軽飲食店も兼ねる業態（『日本国語大辞典』）。

大正 13 年頃のソーダ・ファウンテンの広告。資生堂のソーダ水やアイスクリームは森鷗外の「流行」はじめ数々の文学作品にも登場し、時代を先駆ける「ハイカラな資生堂」を強く印象づけた。

「銀座の資生堂」というブランド

ところで、すでに述べたように、資生堂は、『易経』の坤卦《こんか》に由来して福原と松本が名付けたものでした。しかし、明治三十三（一九〇〇）年頃には、この名称を冠するお店がいくつもあったようです。

その一つは、福原が関係して倒産した西洋薬舗会社資生堂の継承会社です。その経営が三井組に継承されてから、同社は「本町（一丁目）資生堂」あるいは「三井資生堂」などといわれました。このほかに山内資生堂、室町資生堂などがありました。室町資生堂は、先に述べた東京の取次店の一つとして、名前を連ねていました。

また福原資生堂も含めて、資生堂を名乗る店から独立した薬剤師がのれん分けして、資生堂を名乗る場合も多かったようです。資生堂という商号へのこだわりがあったということは、それだけ資生堂という名称が、

資生堂化粧品部。

社会的に厚い信用を得ていたともいえるでしょう。

そうした数ある資生堂のなかでも、たんに資生堂といえば「銀座の資生堂」と特定されるようになっていったのです。それは、やはり資生堂薬局の知名度と信用が大きかったと思われます。先にもみたように、高木兼寛の東京病院をはじめ、著名な医師の処方、さらには宮内省への納入などが大きな実績となったのでしょう。さらに、薬学の世界での福原有信個人の信用、薬学を基礎とする高級化粧品を発売するメーカーとしての信用も加味されて、資生堂といえば、福原有信の「銀座の資生堂」をさすようになったと思われます。

そして、その「銀座の資生堂」も、この頃から「内外化粧品問屋」とか「化粧品問屋」と名乗るようになり、事業のドメインを売薬から化粧品へと転換しつつあったことがうかがわれます。明治四十二年の広告文では、次のようになっています。

高等化粧水　オイデルミン

香油　花つばき

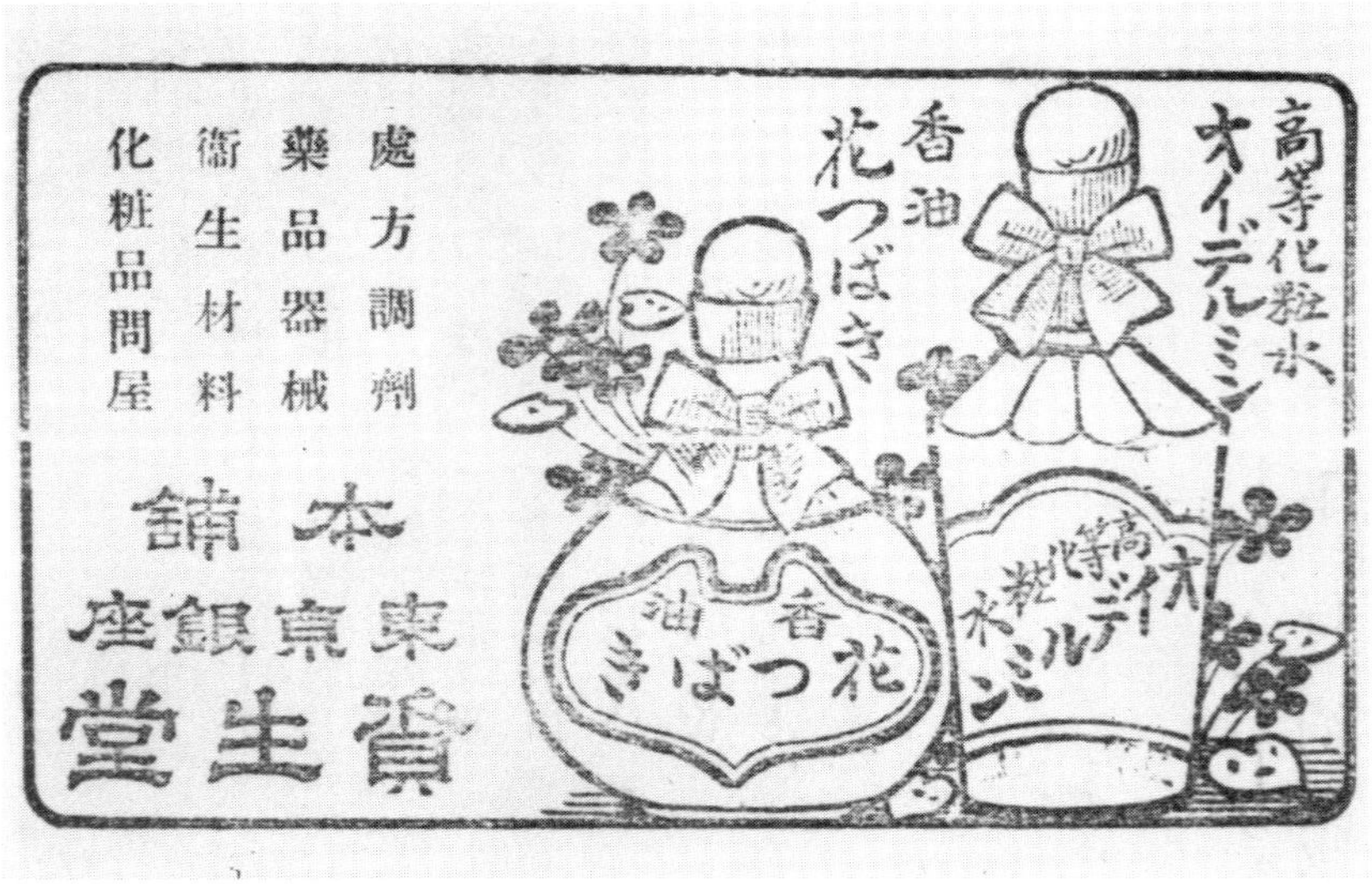

「婦人くらぶ」第2巻第5号に掲載された広告（明治 42 年）。「東京銀座」の「資生堂」として、オンリーワンの「東京銀座資生堂」が定着していく。

処方調剤　薬品器械　衛生材料　化粧品問屋　　本舗
東京銀座　資生堂
（「婦人くらぶ」第二巻第五号　明治四十二年五月一日『資生堂百年史』八八頁）

つまり、処方調剤や薬品器械を扱いながらも、それを基礎とした化粧品を扱うこと、そして「東京銀座」の「資生堂」を名乗っているのです。こうして、数ある資生堂のなかで、オンリーワンの「東京銀座資生堂」として定着していったのです。

五、新しい資生堂への変革

有信から信三へ、薬品から化粧品へ

資生堂は、大正四（一九一五）年、福原有信の三男・信三*に経営を引き継ぎます。これ以降、事業ドメイン

福原信三

信三は、画家を目指していたが、長兄の病気、次兄の早世により資生堂を父から引き継ぐことになったといわれる。後に写真家としても評価されるようになる信三のアートへの思いは、資生堂を率いる以前から強いものがあったといえる（『資生堂ものがたり』）。

を従来の薬品から化粧品に転換してゆきました。

信三は、明治四十一（一九〇八）年に千葉医学校（現・千葉大学医学部）を卒業後、コロンビア大学の薬学科で薬化学を学び、とくに化粧品の製造に興味をもったといいます。大学卒業後は、ニューヨークの薬店と化粧品工場で実務を学んで帰国しました。その学理と実務の経験から開発されたのが、この年に発売されたヘアトニックのフローリンです。その製造過程で、四つもの専売特許を得たとされています。

また同じ年、写真や芸術にも造詣の深い信三によって、商標「花椿」が定められました。

福原信三。信三の発想により、おなじみの花椿のマークが考案された。

それまで、資生堂の商標として用いられていたのは、「鷹」でした。福原衛生歯磨石鹸は、「鷹印歯磨」と呼ばれていたほどでした。売薬の脚気丸にも、この「鷹」が用いられましたが、柳糸香の場合、日本髪用でしたので、羽ばたく日本の鳥の代表格ということで、新時代の感覚にフィットしたのです。しかし、オイデルミンや花たちばななど西洋式の化粧品には、用いませんでした。やはり、「鷹」の雄姿は、似合わなかったのです。

右が明治 31 年発売の「花かつら」。明治 40 年に「花椿」と改名された。左が大正 4 年発売の「フローリン」。フローリン（FLOWLINE）は、「流れるような美しい髪」のイメージと思われる。

茎二本と花二輪に九枚の葉を二本線の独特の輪郭に収めた、新しい「花椿」のデザインは、福原信三の発想によるものでした。「花椿」を選んだ理由は、いくつか考えられています。日本原産の植物であること、昔からあらゆる階層に愛好され多くの品種がつくり出されていること、ヨーロッパに紹介されて大反響を呼びアメリカに移されて庭園用高級花木として愛好されていること、「香油花つばき」の評判が良いこと、などです。

翌大正五年十一月には、従来の薬局から化粧品部門を分離・独立させました。その本拠は、道一つ隔てた大通りに面した角、竹川町十一番地（銀座七丁目八番十号）に置かれました。これにより、従来の出雲町の店は、薬品部・飲料部とされ、竹川町の新しい北店《きたみせ》に対して南店《みなみみせ》と呼ばれるようになりました。

北店の二階には化粧品の製造設備、三階には試験室が置かれました。高品質の化粧品を、先進の化学的な

大正５年　社用便箋

大正５年頃　看板

現在

花椿マークの変遷と大正４年頃に信三が落書きしたものと伝えられる色紙。色紙には、花椿マークを思わせる椿の花の絵がいくつも描かれている。

大正８年　薬品・飲料部（出雲町店＝南店、写真左側）と化粧品部（竹川町店＝北店、写真右側）。化粧品部の建物は、明治・大正期の建築界の大御所・辰野金吾の設計。

成果にもとづいて製造するうえで、試験室は重要でした。福原有信の創業理念を継承する空間であった、ともいえるでしょう。この試験室は、後に研究室、化学研究室さらに資生堂研究所へと発展することになります。

松本昇と販売部門の充実

福原有信がその三男・信三に経営を引き継いだ二年後の大正六（一九一七）年には、松本昇*が入社します。アメリカのデパート、シンプソン・クロフォードに勤めながらニューヨーク大学商科で学びバチュラー・オブ・コマーシャル・サイエンスの学位を取得した人物です。帰国して三越に勤務の後、郷里高松の近くの丸亀の連隊に入隊し、除隊後、三越に復帰しますが、渡米中に知己を得た福原信三の三顧の礼によって資生堂に入ります。

これにより、資生堂では、福原信三が製造と広告、松本昇が営業部門を担うという車の両輪のような関係で、舵取りがなされてゆくのです。

有力な問屋の流通経路によって、資生堂の化粧品は、販売を伸ばしていきました。それらの問屋は、資生堂の商品だけではなく、他のメーカーの商品も扱っていました。小売段階では、有名な銘柄品を安く販売する、いわゆるおとり廉売も横行していました。

松本昇
明治十九（一八八六）～昭和二十九（一九五四）年。香川県生まれ。早大商科を中退して明治三十八年に渡米。働きながらニューヨーク大を卒業し大正二（一九一三）年に帰国。後、昭和十五年に資生堂第二代社長、同二十五年には参議院議員（自由党）となる（『現代日本朝日人物事典』）。

竹川町店内部。ガラスのショーケースが並ぶ明るい洋風の店内は、ハイカラな人たちにも好評を博したことであろう。

出雲町店内部。照明が店内を明るく照らしているのがわかる。竹川町店と並んで、ここでも洋風にまとめられた店内が客を出迎えた。

松本昇。福原信三の強い要望により資生堂に入社し、営業部門を担っていくことになる。

それゆえ、他のメーカーとの競争や資生堂の商品の適正な価格維持のために、問屋との折衝は、販売上の重要な課題だったのです。松本が入店した翌年の大正七年に、北店（竹川町店）の裏手に、土蔵付き二階建ての家屋を購入して、これを独立させた卸部門の事務所と倉庫にしました。

翌大正八年九月には、大阪の問屋街の南久宝寺町に、資生堂大阪支店を開業しました。これによって、関西をはじめ西日本の問屋との関係を強化し、販路のいっそうの拡充をはかることとしたのです。

松本昇の目は、小売店段階の組織化に及び、関東大震災直後の大正十二年十二月には、資生堂連鎖店制度の構想を発表してゆくことになります。

資生堂ギャラリーの誕生と五大主義

大正八（一九一九）年十一月、京橋区出雲町六丁目（銀座八丁目）に鉄筋コンクリート四階建てのビルを竣工し、生産設備や試験室を、北店（竹川町店）からここに移しました。そして竹川町店の方は、一階の売場

昭和４年の並木通りの本社社屋。出雲町店なども関東大震災で大きな被害を受けたが、地震の翌々月には営業を再開した。

を拡げて、二階を事務所、三階を陳列場すなわちギャラリーに改装しました。

当時、デパート以外で、こうしたギャラリーは珍しく、「春向きスカーフ」や「花と香水の会」などの催しは、東京銀座資生堂による企画として話題になりました。こうした文化の発信地としての役割もそなえた資生堂は、その後、化粧品の新商品を次々と発売し、都市生活のモダン化とともに、化粧品の総合専門店「東京銀座資生堂」としての声価を高めていったのです。

大正十年三月二十一日、資生堂は、それまでの福原家の個人経営から合資会社組織に改め、合資会社資生堂となりました。無限責任社員は有信と信三、有限責任社員は四男の信辰と五男の信義でした。

その頃、資生堂では、品質本意主義、共存共栄主義、小売主義（後に消費者主義に改められる）、堅実主義、徳義尊重主義という資生堂の五大主義を確立させました。これは、常に科学的基礎のうえに創意工夫を重ね、大衆の利益を尊重する、創業者・福原有信の経営信条を反映したものと思われます。この五大主義は、その後も、長く資生堂の

北店（竹川町店）を改装し、その３階に開設された陳列場(後の資生堂ギャラリー)。商品展示のない期間は、若手作家や芸術家に無料で提供され、多くの芸術家がデビューしていった。

伝統的経営理念として継承されることになるのです。

第五章　産業界の人として

資生堂が化粧品専門店として発展してゆくなか、福原有信は資生堂の経営とは別の仕事にも取り組むようになっていました。一つは、その少年期から青年期にかけてもっとも関心を寄せていた、処方・製剤の統一的基準すなわち薬局方《ほう》に関わる仕事です。さらに、その薬局方の仕事のいわば展開といってよい製薬事業のほか、それまで事業の支えとなってくれた人々との関係で展開した諸事業です。ここでは、そうした薬学界のリーダーないし産業人としての福原有信の活動についてみてみましょう。

一、日本の製薬界への影響

処方・品質の標準・日本薬局方の制定

福原有信は、海軍病院薬局長時代に、処方・製剤の統一的基準づくり、すなわち海軍薬局方の編纂に着手しました。しかし、その完成前に辞職していたのです。

福原の意図は、前田清則たちによって継承され、明治七（一八七四）年に海軍薬局方が発表されるにいたりました。ちなみに、これより四年後に陸軍薬局方が制定されました。

日本の統一的な処方・製剤の基準づくりの必要を痛感していた福原は、その後も再三にわたって、衛生局長の長与専斎に対して、日本薬局方*の制定を進言しました。長与は、それに促されて、明治十三年十月に松方内務卿に建議し、翌月には太政官から日本薬局方制定について、中央衛生会に委嘱されました。

こうした経緯を経て、十八年十月十三日に、ようやく日本薬局方の編纂作業が完了し、翌年六月二十五日、内務省令をもって日本薬局方が公布され、二十年七月一日より施行されました。福原有信の意志が、十年の歳月をもって実現に移されたのです。

日本人の手で薬をつくる

福原有信は、この日本薬局方の制定に対応して、その基準に適合する医薬品を日本人みずからの手で製造するための製薬工業を興すことを企図し、その準備を進めました。しかし、民間の力だけでは実現が難しかったのです。政府の援助が必要と考えた福原は、長与衛生局長に相談し、賛同を得ました。

日本薬局方

日本薬局方は、現在も薬剤の処方や品質の標準で、薬事法により規定され、改訂を重ねている。平成十八年に第十五改正日本薬局方が施行され、次の改正は平成二十三年が予定されている（『廣川薬科学大辞典』）。

山田顕義

弘化元（一八四四）〜明治二十五（一八九二）年。山口生まれ。松下村塾で学び、尊王攘夷運動に参加。明治政府では、はじめ近代兵制の整備など軍人として名を挙げたが、後に司法行政に関わり、日本初の内閣・伊藤博文第一次内閣では司法相に就任。以後明治二十四（一八九一）年に発足した第一次松方正義内閣まで司法相を務めた（『日福原と長与の基本構想は、明治十四（一八八一）年にまとめられました。その後、山田顕義《あきよし》*内務卿の同意も得て、品川弥次郎*内務少輔が中心となって計画の具体化を進め、ドイツ留学中の長井長義の協力も得ました。そして、十六年五月二日をもって、この国策会社の設立方針などを規定した政府命令書が発せられて、翌年、政府・民間それぞれ十万円の出資、合計二十万円をもって、大日本製薬株式会社が設立されたのです。そして本社・工場の建設を完了して、営業を開始したのは、翌十八年五月五日のことでした。

大日本製薬では、ガレヌス製剤*や薬局方試薬などを製造したほか、香水、薄荷晶、沸騰散（ブドウ塩）、蒸留水、ラムネなども製造しました。興味深いのは、化学薬品としての化粧品も製造したことです。口すすぎ水（明の露）、コールドクリーム（春の雪）、整肌クリーム（初梅）などがそれで、前述のように、福原が資生堂で化粧品生産を始めるうえで、基礎となるものであったといえるでしょう。

大日本製薬の生産する精度の高い製品によって、日本の薬品の水準が高められることとなりました。またその順調な発展は、民間の薬品製造会社の設立も促しました。

なお福原有信は、その後、人事が政府主導になったことや、後述する帝国生命の経営者として多忙になったこともあって、同社の常勤重役の地位を退くことになりました。

本近現代人名辞典』）。

品川弥二郎
天保十四（一八四三）～明治三十三（一九〇〇）年。山口生まれ。松下村塾から尊王攘夷運動に参加し、明治政府では内務大書記官、内務少輔、農商務大輔などを歴任。農林業の育成にも尽力した。明治二十四（一八九一）年の第一次松方内閣では、山田と並び、内務相として組閣に参画している（『日本近現代人名辞典』）。

ガレヌス製剤
動物質、植物質を原料とする生薬類を粉砕、混合、浸出などの処理をして製した製剤のこと。生薬製剤。ローマの医師ガレヌスが伝えたところからこの名がある（『万有百科大事典』、くすりの道修町資料館ホームページ他）。

現在の朝日生命本社ビル。東京駅の目の前に位置し、日本を代表する保険会社の一つとなっている。有信は設立間もない帝国生命保険で、新しい商品やシステムの導入に尽力した。

二、産業界への貢献

帝国生命保険の創立と新しい経営システム

他方、福原有信は、大日本製薬が営業を開始した三年後の明治二十一（一八八八）年、帝国生命保険会社（現在の朝日生命相互保険会社）の創設にも参加し、設立二年後には、専務取締役に就きました。

在任中、福原は、新しい保険商品や新しい経営システムを導入しました。明治三十五年には、日本で初めて利益配当付保険を販売しました。また事務効率化のために導入したカード・システムや、女子事務員の大量採用も世間の注目するところとなったのです。これらの新手法は、先にみたソーダ・ファウンテンと同様に、三十三年の欧米視察旅行の見聞の成果でもありました。

財界人としての活動

第一次大戦前後の時期、福原は、財界世話人的な仕事に追われるようになっていきました。第一次大戦の影響でドイツなどの海外からの医薬品の輸入が困難になるなか、医薬品の国策会社を設立することになり、大正四（一九一五）年十一月、内国製薬株式会社（大正九年九月、三共に合併）が設立され、有信は取締役会長に就くことになりました。また六年には、生命保険会社協会の理事に就任し、協会の発言力強化に努めました。

その後も、その温厚篤実な人柄によって、福原は多くの会社*に経営者として名を連ねることを求められました。宇治川電気、日本電力、博多湾鉄道、小田原電気鉄道、金剛山電鉄、都ホテル、京浜運河、大徳汽船、関東酸曹、特殊消毒、福原興業などです。また、一時期、京橋区会議長も務めました。

震災の翌年、大正十三年三月三十日、晩年、業界の代表、財界の世話役として多くの企業の設立と経営に関わった福原有信は、その多彩な七十六年の生涯を閉じたのです。

化粧品と企業文化創造の担い手として

福原有信が亡くなった三年後の昭和二（一九二七）年六月に、合資会社資生堂は、従

多くの会社

このとき福原が関わっていた会社には、その後合併や再編などでその名称や体制を変えながらも現在に続いている企業が少なくない。都ホテルが現在も一流ホテルとして営業を続けているのは周知のところである。このほかに、宇治川電気、日本電力は現在の関西電力に通じ、関東酸曹は日産化学工業に、博多湾鉄道は西日本鉄道に引き継がれている（『日本近現代人名辞典』、関西電力ホームページ他）。

「ザ・ギンザ銀座本店」。ファッションブティックとして昭和50年にオープンして以来、時代に先駆けたファッションや文化、ユニークで価値のある情報を数多く発信し続けている。

来から取引のあった有力代理店の伊藤朝日堂すなわち朝日堂株式会社の資生堂代理部を合併して、資本金一五〇万円の株式会社資生堂となりました。資生堂の生産体制と、問屋の販売機能の統合による新会社でした。

その後、販売面の政策としては、各地方の問屋を母体に、資生堂販売会社を全国に設置してゆきました。これは、資生堂商品を専門に扱う卸会社です。いわゆるおとり廉売を防止することをはじめ、メーカーの価格政策貫徹の方法の一つで、その後、いくつかの化粧品メーカーも追従し、戦後には花王も取り組んだ政策です。資生堂は、そのさきがけとなったのです。

こうして、生産・販売の両面を充実させながら資生堂は発展を続け、今日では、たえず多様な新化粧品を世に送るとともに、芸術や美を尊重する企業文化創造の担い手となっています。

旧資生堂パーラー本店ビルの跡地に立つ東京銀座資生堂ビル。東京銀座資生堂ビルは、世界的な建築家・リカルド・ボフィルの設計。デザインでも最先端をいく姿勢は今も健在。

75

資生堂・福原有信

TSUBAKI（ツバキ）。左が赤の TSUBAKI、右がダメージケア用の白の TSUBAKI

ELIXIR SUPERIEUR（エリクシール シュペリエル）

AQUALABEL（アクアレーベル）

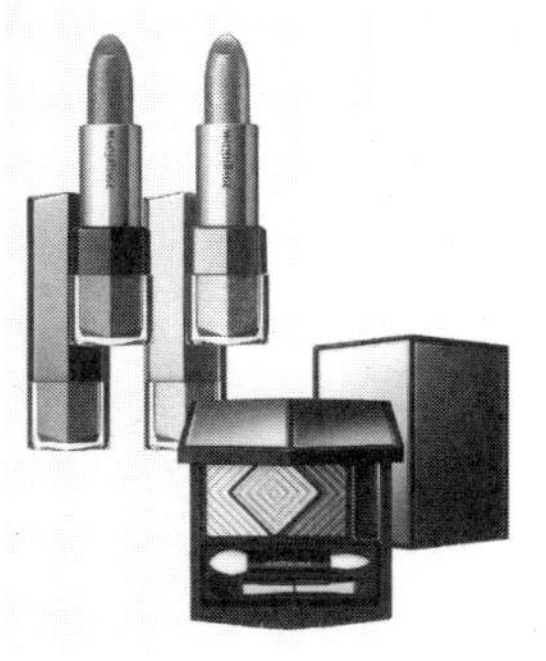

Maquillage（マキアージュ）

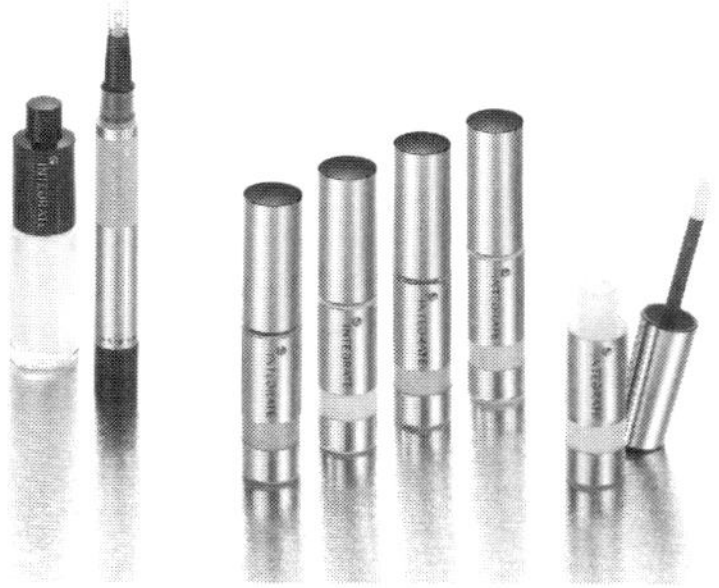

INTEGRATE （インテグレート）

現在の資生堂の商品（一部）。宣伝・販売促進をカテゴリーごとのブランドに集約させて展開する「メガブランド戦略」をとり、シャンプーの「TSUBAKI（ツバキ）」、スキンケアの「ELIXIR SUPERIEUR（エリクシール シュペリエル）」、美容液「AQUALABEL（アクアレーベル）」、メーキャップ化粧品「Maquillage（マキアージュ）」、「INTEGRATE （インテグレート）」、男性用整髪料「UNO（ウーノ）」の６つのブランドを中心に多様な商品を発売する。

UNO（ウーノ）

事業を通じて社会に奉仕する

小林富次郎

こばやし とみじろう

嘉永五（一八五二）年一月十五日、武蔵国北足立郡与野町生まれ。明治四十三（一九一〇）年十二月十三日没。いくつもの事業で失敗を重ねながらも三十九歳で小林富次郎商店を開設。現・ライオン株式会社の基礎を築いた。

第一章　生い立ちと家業

資生堂の福原有信の少年時代の蓄積は、その後の彼の学問や事業にとっての豊かな土壌を培ったことがわかりました。ライオンの創業者の小林富次郎の場合は、福原とは少し異なった環境に生まれ育つことになります。

一、ケンカの仲裁は富さんに

生家と二つの郷里

小林富次郎は、嘉永五（一八五二）年一月十五日、武蔵国北足立郡与野（現在のさいたま市）で、酒造業を営む七代喜助の三男として生まれました。生を受けた兄弟は五男二女でしたが、上の二男二女が早世したため、富次郎は残った三人兄弟の真ん中にあたることになります。与野は、父・喜助が、出稼ぎのために移住して酒造業を営んでいた場所です。富次郎は四歳から十六歳までの間、父の郷里の越後国中頸城郡《なかくびきぐん》柿崎村字直海浜《のうみはま》

公事宿
百姓宿、郷宿、旅人宿とも。訴訟には、各地から関係者が出頭する必要があったが、滞在は決まった場所（江戸であれば馬喰町）の宿に限られた。公事宿では、訴状の作成や手続きの代行なども行い、現在の弁護士的な働きをしたといわれる（『角川新版日本史辞典』）。

現在の与野周辺。以前からの静かな住宅街の向こうに、超高層のマンション群が立ち並ぶ。東京のベッドタウンとして与野周辺は現在も開発が進んでいる。

（現在の上越市柿崎区直海浜）という半農半漁の村で過ごしました。したがって、少年時代を過ごした直海浜が小林富次郎にとっては、幼少年期の思い出をともなった郷里であって、与野は第二の故郷といってよいでしょう。

父・喜助は、もともと吉崎喜助といい、学問もあって柿崎村の顔役の小林清蔵の一人娘・ますの婿となって、小林家に入った人でした。

また、清蔵の父親、つまり小林富次郎の曾祖父の萬右衛門という人は、江戸に出て、*公事宿《くじやど》つまり地方から訴状をもって訴えに来る人々を泊めて訴状の調査や弁護をする職業を営んでいたといいますから、当時のひとかどの知識層の人であったようです。

小林家の養子となった喜助も、その義理の祖父にあたる萬右衛門と同様に、若くして関東に出て杜氏《とじ》の技能を身につけ、天保六（一八三五）年に武蔵野国松山町（現在の埼玉県東松山市）に酒造業の店をもったのです。しかし、この店が火災にあって、与野に移って再起を果たした頃に、富次郎が生まれたのです。

喜助は、大柄で剛の者でしたが、「仏さま」といわれるほど、慈悲深い人であったようです。また、熱心な仏教の信者でもありました。関東に出て、いくばくかの財をなした頃には、大きな仏壇を作って、朝食の前に家の者や奉公人を集めてみずからお経をあげ、奉公人には用意しておいた賽銭をあげて拝ませることを常としていました。

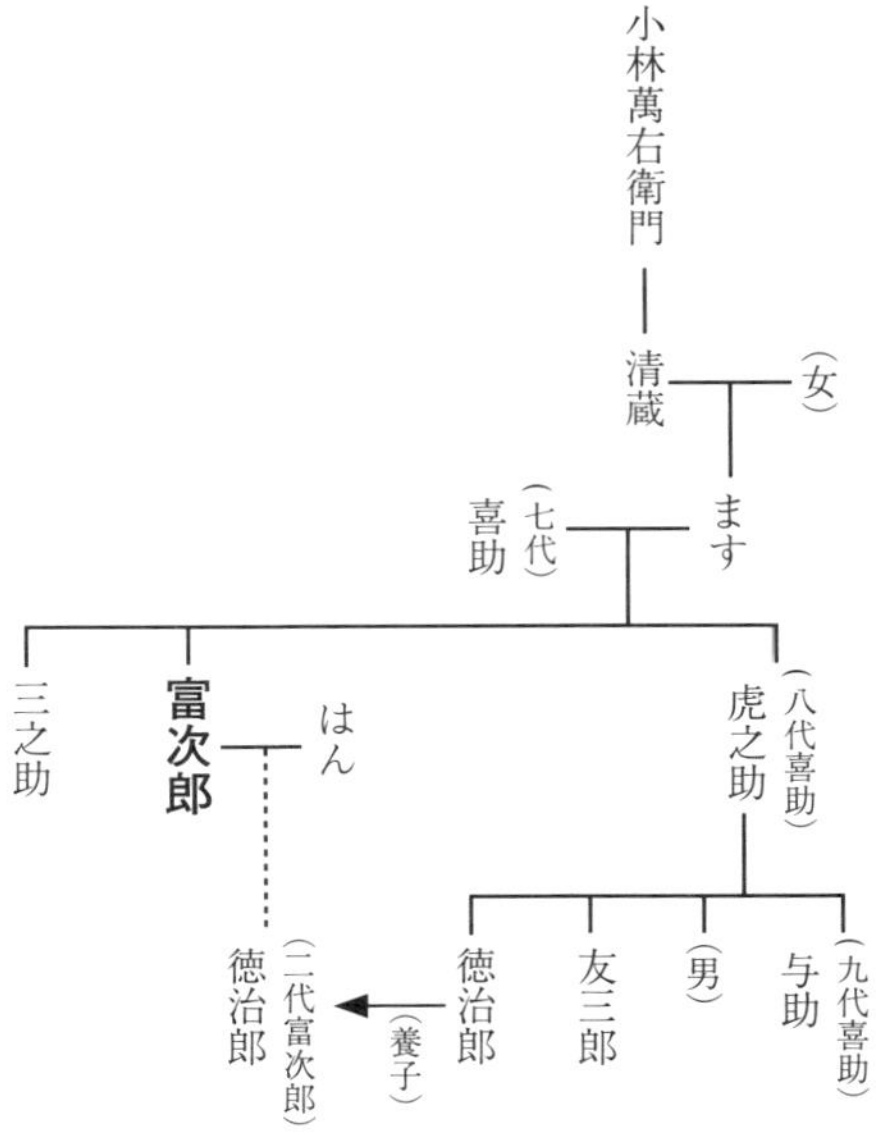

また母のますも、なかなかのしっかり者でした。ますの気性を示す一つのエピソードが伝わっています。それは、喜助の最初の店が火災にあった際、実は類焼であったにもかかわらず、賄賂を受け取っていた役人に火元との嫌疑をかけられ、それに対して断固たる姿勢で汚名を返上した、というものです。多くの奉公人も、彼女のこうした姿勢に打たれて、不平をこぼさず懸命に働いたようです。喜助の酒造業の発展も、良妻・ますの助力に負うところが大きかったのです。

小林富次郎は、このように、曾祖父や祖父の知識人としての気風、父・喜助の慈悲深さ、そして母・ます

現在の上越市直海浜の風景。長い浜辺が続き、海水浴シーズンには大勢の人が訪れ、日本海の波を楽しむ。

の剛毅さを受け継いで、この世に生を受けたのです。

少年時代の富次郎

この頃、郷里・越後からの出稼ぎの人が多くなっていましたが、そうした人々は、ときとして足手まといとなる子供を、一人前になるまで郷里に預けるのが慣習となっていました。小林富次郎が四歳のときに、父母の郷里の柿崎村に戻されたのも、そうした当時の慣習にならったものでした。柿崎村では、郷里に残っていた祖母のもとで育てられることになりました。

子供の頃の富次郎は、地元では有名な腕白者でありました。ただし、冷静で利口なたちで、無茶な乱暴をするようなことはありませんでした。十三歳頃には、ひとかどの口利きで「喧嘩の仲裁は富さんに頼め」といわれたほどでした。

富次郎の受けた教育は、福原有信のように当時の高

真宗
浄土真宗のことで、一向宗とも呼ばれる。鎌倉時代に親鸞が唱えた宗派は、親鸞の死後いくつもの流派に分かれたが、本願寺中興の祖とされる蓮如が十五世紀後半に越前吉崎に坊舎を建てて活動したこともあり、近畿、北陸地方で多くの信者を獲得した。北陸地方では戦国時代、加賀の一向一揆など過激な抵抗を続け、一時独立国の様相を呈するほどの勢いを見せた。富次郎の家でも、そうした流れが生きていたと思われる（『岩波日本史辞典』他）。

等教育ではなく、地元の寺子屋に通った程度でした。しかも十二歳の頃に眼病にかかり、一時は失明も危ぶまれたほどでした。このため、十分な読み書きを習うこともできなかったのです。

富次郎の支えの一つとなったのは信仰心でした。越後地方は、仏教とくに真宗*が根付いた地域です。父喜助の影響もあって、富次郎は、朝の勤行《ごんぎょう》を欠かしませんでした。このため真宗の経文などは、よほど上手く暗誦していたといいます。この点、福原有信が、近くの寺の伽藍のなかに垂れた経文の一節を暗記していたのと共通しているといえましょう。

富次郎は、後年、「法衣《ころも》を着た実業家」あるいは「算盤を抱きたる宗教家」などと称せられますが、その萌芽は、この少年時代の信仰心に見られるといってよいでしょう。なお、ちょうどその頃の元治元（一八六四）年、父の喜助は、家督を富次郎の兄の虎之助に譲って隠居し、柿崎村字直海浜に戻ってきました。

その後、眼病も癒えた富次郎は、与野に帰って兄・虎之助の営む酒造業を手伝うことになりました。十六歳になっていた富次郎ですが、痩身でありながら、力自慢で村相撲では関を取ったほどでした。働きぶりも豪傑で、茶碗酒を数杯ひっかけては、若い衆とともに六尺桶をいくつも洗っては干すということだったようです。

小林家の菩提寺である光徳寺。直海浜は親鸞ゆかりの地でもあり、浄土真宗の寺も数多く見られる。写真は、材木で覆って激しい冬の風を避けている様子。厳しい自然環境がうかがわれる。

二、結婚と再興への決意

二十歳のとき、富次郎は、郷里の馬場仁右衛門の四女・はんを伴侶としました。すでに与野の酒造業は、長兄の虎之助が舵取りをしていましたが、富次郎二十三歳のとき、父・喜助が他界しました。このため、富次郎は、これまでにもまして兄を助け、懸命に働くようになりました。

しかし、酒造業の経営には明るい展望は見えませんでした。そこで富次郎は、兄・虎之助とともに、当時流行した豚と兎の売買に手を出しました。これによって、一時は、大きな利益を手にしました。ところが、たちまち反動がきて、首がまわらない状態となってしまったのです。いつの時代でも、いわば「浮利を追う」ような投機的な利益の追求は、水泡に帰することが多いものです。このため富次郎は、一時期、郷里に退きます。この失敗の経験から、投機には二度と手を出さないことを決意しました。また兄弟の話し合いで、先行きの見通しのない酒造業からは完全に手を引くことにしたのでした。

明治九（一八七六）年、富次郎二十四歳のとき、それぞれが別の事業を分業して小林家再興を期することとなりました。八代喜助を襲名した兄・虎之助は、*官有林払下げによる事業を手がけることにしました。富次郎は、上京して新たな事業を興し、将来、小林家が東京に移住できる地盤を築くことになりました。また、弟の三之助は、兄八代喜助の長男・与助（後の九代喜助）やその弟の友三郎（八代喜助の三男）とともに、酒取次業を開くことになりました。

なお、家庭をもった富次郎ですが、子に恵まれず、兄・虎之助の四男徳治郎を*養子として迎え入れました。後の二代富次郎となる人です。

官有林払下げ事業

明治の改革によって、多くの士族は新時代に処する手段に迷い窮迫した。そこで、これらの人びとの救済手段として明治十一年三月十八日、「原野を開墾し、産業につかしめ、資金貸与して殖産興業の途を開かしめる」という華士族救済の殖産興業令が出された。ここに華士族の禄高を奉還させ、代わりに支給した公債証書に官有林払下げの特権を与えることが明記された（『ライオン歯磨八十年史』）。

富次郎の養子

実子に恵まれなかった富次郎・はん夫妻は、明治十三年に徳治郎を養子に迎え、さらにその後、はんの姪・イツを養女とした（『ライオン歯磨八十年史』）。

第二章　実業家への転身と相次ぐ試練

兄弟の思いを胸に、富次郎が徒手空拳で再び上京したのは明治十（一八七七）年、二十五歳のときでした。その後、富次郎は、石鹸工場の勤務を起点として、実業への道に入っていきますが、幾度かの失敗に遭遇します。これらの失敗は、後の富次郎の経営理念の基盤を形成することになったと思われます。ここで、富次郎の青年期のさまざまなチャレンジとその帰結について、みてみることにしましょう。

一、石鹸工場の仕事と経営

鳴春舎と富次郎の働き

富次郎は、つてを頼って、堀江小十郎が経営する石鹸工場・鳴春舎（東京府下葛飾郡中ノ郷村、現在の墨田区向島・押上近辺）に入りました。

当時、石鹸の工業生産を営む本格的な工場は、まだ十数軒ほどしかありませんでした。

内国勧業博覧会　殖産興業政策の一環として開かれた明治政府主催の国内生産物の博覧会。明治十年から、明治三十六年の第五回まで開催された。上野で開かれた第一回は、機械、園芸、農業など六部に分けて陳列され、来館者四十五万人余に及んだとされている（『国史大辞典』）。

幕末まで、「石鹸」すなわち「シャボン」は、石鹸軟膏など蘭方の医薬目的で製造され、開港とともに、化粧石鹸や洗濯石鹸の輸入が始まりました。日本で、そうした洗浄用の石鹸の製造が始められたのは、明治六（一八七三）年のことです。横浜の堤磯右衛門による横浜三吉町工場、林庄九郎の東京石鹸試験場が設立され、これに続き、戮明舎（後の牛込舎）、丸善野毛山工場、大阪・土佐堀の熊谷工場（春元工場の前身）、鳴春舎、長崎の又新舎、東京牛込江水舎などが設立されました。

ちょうど、富次郎が鳴春舎に入った年に、上野で開かれた第一回内国勧業博覧会*では、国産石鹸の出品に対して七名が褒賞を受賞しています。わずか数年の間に、洗浄用石鹸の製造が本格化したといえるでしょう。ある調査では、この年の石鹸工場の数は、全国に十三あったといいます。その翌年の明治十一年には、国内の石鹸生産額は輸入品に追いついて、翌十二年にはついに輸入品を上まわりました。

鳴春舎は、このような輸入代替をめざした新しい産業の担い手の一つであって、富次郎が入る前年の明治九年に、設立されました。創設者の堀江小十郎は、旧徳島藩士でした。いわば士族の商法で、石鹸製造を始めたのです。堀江は、横浜の堤石鹸工場の村田文助を招き入れて、技術の摂取と進化にあたらせました。

さて、鳴春舎に入った富次郎は、頼るべき人も経験もなく、ただ一所懸命に働くだけでした。そして、次第に、主人や周囲の皆が、その働きぶりを認めるようになりました。

鳴春舎時代。後列左から２人目が富次郎。前列左から２人目のひげの老人が堀江小十郎で、後列右端が生涯の友となる村田亀太郎。

その頃のエピソードとして、次のようなことが伝えられています。主家の堀江家の風呂桶が真っ黒になっており、主人もこれを新調しなければならないと思っていました。それを聞きつけた富次郎は、それを外に出して、磨きに磨き上げたうえに、天日干しにして清潔にし、元のところに据え付け直したのです。そして、夕刻になって主人が戻ったときには、すっかり、きれいな風呂桶に風呂がたてられていたのです。堀江の母親は、ずいぶん富次郎を気に入り、自分の着物を浴衣にして褒美として与えたほどでした。

経営者としての経験と挫折

主人の信頼を厚くした富次郎は、やがて問屋への製品販売と新規注文獲得の仕事を任されました。販売の責任者の立場にまで、昇進したのです。

入店一年後の明治十一（一八七八）年になると、富次郎は、堀江小十郎が同業者十社に呼びかけて結成した親睦会への同席も許されました。堀江の股肱《ここう》の臣として、同業者にもお披露目されたのです。

さらに、富次郎は、堀江氏ほか二名の出資者の厚意により出資者の一人となりました。その元手は、郷里の直海浜に残してあった家財の売却代金と与野の兄が用立てた幾分かの資本をもってあてることにしたのです。ちなみに、後に大広告主の一人に数えられる富次郎が、広告を最初に行ったのは、この家財売却のときでした。

一　家具競売仕候　但し今日より三日内
明治十一年十月五日　小林清蔵
（『小林富次郎伝』一九頁）

この看板が、柿崎の村内の二～三カ所に立てられたのでした。ところで、清蔵というのは、兄・虎之助の改名した名前です。富次郎の名前では、まだ地元の人々に通用しなかったので、兄の名前を借りたと思われます。

この家財競売の目的は、石鹸事業への投資だけではありませんでした。酒造業での負債の始末ということもあったのです。このため、親類縁者には、外聞が悪いということで、冷たい眼でみられたようです。

村田亀太郎
元治元（一八六四）年生まれ。十八歳で上京して鳴春舎に入社し石鹸焚き職人として修行。鳴春舎から独立した後、長瀬商店の長瀬富郎とともに花王石鹸創製に深く関わることになる（『小林富次郎創業者物語』）。
↓本書一七〇頁参照

明治前期の不況
明治十四年の政変で大蔵卿となった松方正義は、

西南戦争以来の不換紙幣増発による紙幣と銀貨の格差、また物価上昇を是正するため、紙幣整理や日本銀行の設立を行った。しかしこれがデフレーションを招き（松方デフレと呼ばれる）、農民の急激な没落なども引き起こした（『小林富次郎創業者物語』他）。

翌明治十二年、鳴春舎が資本金三万円の株式会社となりました。このとき、富次郎は、その能力をかわれて支配人となりました。同社の株主は、東京・大阪の石鹸を扱う問屋や唐物問屋でした。取引先でもあり、いわば仲間の彼らは、鳴春株式会社にとっては、安定的な顧客としても期待されたのです。ちなみに、後にライオンにも花王にも関わることになる村田亀太郎*は、この三年後に十八歳で鳴春舎に入っています。

さて、株主でもある取引仲間は、好況のときには注文をくれていましたが、不況*になるとほとんど注文がなくなったのです。もとより、取引先にとってみると、好況時でさえ定価仕入れ・定価販売の安定した取引では利益が薄く、ましてや不景気には売れずに儲かりません。このため、ほかの利益の大きな商品を選好し、他の問屋へと切り替えたのでした。

村田亀太郎。18歳で鳴春舎に入社した村田は、富次郎の生涯の友となる。

こうした状況では、株式会社の経営は展望が見出せない――こう判断した富次郎は、会社の解散を決意し、株主総会を開いて、明治十七年に一同合意のもとに解散するにいたりました。満期一年を前にしてのことです。なお、精算に際して富次郎は、株主に製品の全部を引き渡して株券を回収しました。このため、ほとんど取引先に迷惑をかけることはなかったといわれています。

富次郎は、鳴春舎の持株を堀江小十郎に譲り渡し、株式会社も解散しました。これによって、鳴春舎は、堀江の個人事業になりました。従業員も、かつての五〇～六〇人から、五～六人になりました。

たび重なる頓挫で一奉公人へ

一方、この頃の富次郎には、もう一つ大きな問題が起きていました。富次郎は、兄の八代喜助（虎之助改め清蔵）の進めていた官有林の払下げ事業にも関係していたのです。名古屋近辺の旧士族の名義を買い受けて、その名義で官有林の払下げを受けるべく、有望な官有林の調査も進めていました。ところが、政府の方針が一変し、委任状による出願が認められないことになり、それまでの努力が無駄になってしまいました。そればかりではなく、莫大な損失を被ることになってしまったのです。

鳴春舎の経営難に官有林払下げ事業の頓挫が重なって、富次郎は、いかに心中安からぬことだったでしょう。このとき、富次郎に助言する人がありました。その助言とは、「所有株式をはじめ衣類・家財一切を売却し、責任を軽くして再出発を期せよ」ということでした。富次郎は、この助言にしたがって、すべてを整理し、新たな道を歩むことを

*官有林払下げ
→八四頁参照

決意しました。

先にふれた会社の解散も、この助言に従ったものでした。会社の解散とともに、一介の奉公人の立場に戻った富次郎は、数名の従業員とともに、石鹸を焚き、みずから荷車を引いて販売にあたりました。妻のはんも、夜なべで石鹸の箱貼りを手伝うという状態で、養子の徳治郎の塾通いをやめさせて、金港堂書店に奉公に上がらせました。家族ともども、経済的な面で辛酸をなめることとなったのです。

富次郎は、後に当時の状況を振り返り「あの時ばかりは今思うても悲惨でした、中さば鶴が変じて雀となったようなもので、其年は実に寂しい悲しい年を越しました」(『小林富次郎伝』二二五頁)と述懐しています。明治十七(一八八四)年、富次郎、三十二歳のときでした。

二、鳴行社での活動と失敗

「臨終のお願い」で鳴行社に入社

明治十八(一八八五)年、富次郎は、転機を求めて上海に赴きました。上海での石鹸の製造・販売の事業が、将来、有望と思われたからです。というのは、揺籃期の日本の石鹸産業ではあったのですが、この頃、上海近辺への輸出が始められており、売れ行きもなかなか良かったのです。

富次郎には「東京に居って他人と競争するよりも寧ろ支那上海辺りに行って一つ営業を試みたい」(『小林富次郎伝』二六頁)という思いもあり、むしろこの上海に直接投資して、現地生産を始めた方が、運賃や取り次ぎの商人のマージンが節約できて、安価に販売できると考えたのです。ただし、鳴春舎と縁を切るのではなく、上海での利益を鳴春舎にも還元し、同社の発展もはかりたいという気持ちもあったのです。

かつて鳴春株式会社の株主の一人でもあった、横浜の貿易商・松村清吉*は、かねてより富次郎の働きぶりをみて信頼を寄せていましたが、この構想にも賛同して支援を惜しみませんでした。

松村清吉の助力を得て、富次郎は工場敷地の候補地やその借用の手続きを進めました。ところが、ようやく工場用地取得のメドがついたとき、神戸で貿易商の鳴行社を営む播磨幸七から、一通の手紙が届きました。播磨は、石鹸原料を扱っていた関係で、鳴春舎の富次郎との親交が生まれていたのです。富次郎の示唆によって石鹸の製造に着手することとなり、東京の牛込舎の浜田貞吉を採用して、石鹸の製造を始めていました。そして、製造された石鹸は、おもに輸出に向けられていたのです。

播磨幸七からの手紙には、「貴殿に上海で石鹸を製造されては自然拙者の売り先に競争

松村清吉の支援

「資本は私が用意するから何か自分で仕事をはじめてはどうか」と富次郎にもちかけた松村は、上海行きの希望を聞いて、すぐに五〇〇〇円の出資を申し出た。ただし、実際に富次郎が上海に渡ってみると、欧米の資本がすでに軒を並べており、五〇〇〇円や一万円の小資本では太刀打ちできないことがわかった。しかしそれでも富次郎は夢を実現するべく奔走した(『ライオン歯磨八十年史』)。

鳴行社時代。前列右から２人目が富次郎。その左側が播磨幸七。播磨夫人から「臨終の願い」で懇願された富次郎はみずからの海外進出を断念し、鳴行社に入って播磨とともに事業に従事した。

することとなり、今日までの多年の懇親を破るような不幸を見るとも限らぬ、よって此際何等かお互に便利の方法を講じて、出来るならば共同の相談を遂げたいから、貴君は何卒長崎まで御帰国ありたい、拙者も長崎まで出向いて会見したい」（『小林富次郎伝』三〇頁）と書かれてありました。

富次郎にとっては、新規事業の出鼻をくじかれるような内容です。富次郎は、松村清吉にも相談のうえ、長崎に戻ることにしました。ところが、長崎に行くと、播磨氏の妻が病気のため、長崎でしばらく待つか、あるいは神戸まで来てくれないか、との播磨幸七からの連絡があり、富次郎は、お見舞いをかねて、さっそく神戸に赴きました。

病気を見舞った富次郎に対して、播磨の妻からは「夫と共同で営業してください、之がわたしの臨終のお願いです」（『小林富次郎伝』三一頁）との懇願があったのです。播磨夫人は、富次郎に託す言葉を残し、その数日後に他界しました。
結局、富次郎は上海での石鹸製造よりも、鳴行社の製品を上海はじめ中国全土に販売する途を選ぶことにしました。上海での石鹸の製造・販売の事業は、思いとどまることになったのです。そして、播磨とともに鳴行社石鹸部の経営に携わるため、明治十八年の暮れ、神戸に移住しました。

香港支店の開設と閉鎖

石鹸という商品は、季節によって需要の違いもあり、安定した供給のためには、販路の拡大が必要でした。このため富次郎は、内地や上海以外にも販路を拡大すべきと考えるようになりました。そこで、富次郎は播磨と相談のうえ、明治十九（一八八六）年、香港に支店を開設しました。現地の取引商数名と一手販売契約を結んで、この商人のルートを通じてのみ販売することで、安定した販路も築かれる見通しもあったのです。

ところが、まもなく富次郎は、この取引先の商人から激しい抗議を受けることになりました。「鳴行社の製品が他の支那商人の手からどしどし支那内地に入って来る、けしからん、違約ではないか」（『小林富次郎伝』三七頁）というのです。つまり、神戸の鳴行社本店が、香港支店と契約した商人以外にも販売していたのです。

香港支店の閉鎖

富次郎の香港支店での石鹸販売を巡る活動は、不本意なまま終えることになったが、マッチはヨーロッパからの輸入品に比べて日本製品が約半分の価格であることがわかり、その競争力を実感する。この経験が、後に富次郎をマッチの軸木事業に駆り立てることとなる（『ライオン歯磨八十年史』）。

古い洋館が数多く残る現在の神戸・山本通り。幕末、真っ先に開港された神戸の町は、貿易港として繁栄した。鳴行社もこんな異国情緒のなかで営業していたのだろう。

富次郎は、手紙や電話では埒があかないので、さっそく帰国して事の真偽を確かめることにしました。本店の説明では、先方の清国商人の方から出かけてきて現金で仕入れていくのだから拒めない。今後は、むしろ神戸に居てこうした取引を継続した方が得策である、というのです。しかも、香港支店は、そのままの価格で販売を続けよ、とまでいうのです。信義にもとる行為とも思えましたが、本店の意向には逆らえず、その後富次郎はしばらく香港にとどまりました。しかし結局、翌二十年一月に富次郎は支店を閉鎖*して帰国しました。

その後、鳴行社の石鹸も、次第に香港市場で売上げを減らしてゆくことになりました。というのは、香港支店および同支店と取引関係にあった数名の商人の信用で、石鹸の販路が拓かれたわけです。その信用のある支店が扱っていた商品だからこそ、他の商人が神戸の本店まで直仕入に出かけて、香港で販売していたのです。ところが、その信用のあった香港支店がなくなると、他の商人もわざわざ神戸まで出向いて石鹸を仕入れる必要を感じなくなったのです。

夜学校の開設と岡山孤児院への寄付

　鳴行社時代の小林富次郎の活動として、忘れてならないのは、わずかながらも私費を投じた、教育や社会貢献のことです。

　当時、鳴行社の石鹸やマッチの工場で働く職工・徒弟の多くは、十分な教育を受けていませんでした。そこで、読み書きや礼儀作法を教える夜学校を設ける計画を考えたのです。しかし、資金の手当てに困りました。そこで、富次郎は、まずみずから愛用していた煙草入れを売り払い、二〇円ばかりを工面しました。そのうえで、主人の播磨幸七にも相談しました。播磨も大いに賛同し、馬一頭を売却して、一五〇円を富次郎に渡しました。これらを元手に、夜学校が設けられました。

　今ひとつは、岡山で石井十次*の運営する孤児院への寄付でした。石井十次が、孤児教育会（後の岡山孤児院）を設けたのは明治二十（一八八七）年のことですから、ちょうど富次郎が、香港の支店を閉鎖して神戸に戻ってきた年です。石井は、神戸の多聞教会へ賛助員の募集を依頼してきました。その条件は、月一口二銭を賛助金として支出すると

石井十次
慶応元（一八六五）～大正三（一九一四）年。孤児教育会、後の岡山孤児院は、日本で最初の孤児院で、石井はその創設者（『日本近現代人名辞典』他）。

一銭と一円
一円は百銭。現代の価値に直してかけそばを一杯五〇〇円とすれば一円は五万円ということになる（日本銀行金融研究所貨幣博物館ホームページ他）。

神戸・多聞教会の信者たち。多聞教会は明治９年開設。富次郎は長田時行牧師から聖書を学び、36歳で洗礼を受ける。キリスト教は、富次郎に大きな影響を与えた。

いうものでした。

富次郎は、詳しい説明を受けて、その趣旨に大いに感銘を受けたのです。そして、毎月五口ずつ差し出すことを約束し、とりあえず一円*を寄付したのでした。かけそば一杯一銭の時代ですから、まあまあの寄付金額ということになります。後にみるように、小林富次郎は、今のベルマークのさきがけともいえる慈善券を発行しますが、彼の社会貢献の意識はすでにこの頃から芽生えていたとみることができるでしょう。

マッチ軸木事業の失敗

ところで、鳴行社では右にも述べたように、マッチも扱っていました。日本製のマッチは、欧州製品と比べて価格が安く、たとえばスイス製六〇〇ダース一箱が日本円で三四円くらい、日本製はわずか一五円くらいでした。したがって、価格面での競争力はあったのです。しかしながら、軸木と箱の品質が粗悪なため、あまり売れませんでした。そこで富次郎は、この軸木と箱の品質改良を成し遂げれば、日本のマッチも有望であると考えたのです。富次郎は、この構想を播磨幸七に説いて了解を得ました。こうして、軸木改良事業に着手することになったのです。

従来、マッチの軸木は、主に奥羽地方で産出される木材を東京まで輸送して、加工していました。しかし富次郎は、原木の産地近くに工場を建てて加工を行ったうえで、製品を搬出する方が合理的と考えました。いわば原産地加工方式です。

そこで富次郎は、優良な原木と工場の最適地を求めて、みずから北海道から三陸地方まで調査しました。その結果、北上川の水運の便利な石巻港に建設することを決めました。そして、宮城県令（現在の知事）のはからいで、官有の旧仙台藩の蔵をそのまま工場として借りることとなりました。原木伐採のために、官有林の払下げも首尾良くはこび、富次郎は、フランス製の軸木製造機械を東京で買い付けて設置し、製造に着手しました。明治二十二（一八八九）年のことです。

ところが翌二十三年、前年の積雪量が多く、北上川の水勢が著しかったため、切り出した白楊樹《どろざい》*を筏に組めず、また流出した白楊樹が各所の堰を破壊するにいたってしまったのです。富次郎は、大きなダメージを被ります。その責任の重さに耐えかねた富次郎は、ついには自殺を考え、北上川にかかる橋の上にたたずみました。

白楊樹
ドロノキ。ヤナギ科の落葉高木。日本の本州中部以北から北海道に分布。別名ドロ、ドロヤナギとも。生長が早く、柔らかい性質でマッチの軸木に向く。なお、白楊樹は漢名をあてたものだが誤用（『日本国語大辞典』他）。

そのとき、富次郎は、「すべてのこらしめ今は悦ばしからずかえって悲しきと思わる、しかれど後之によりて鍛錬する者には義の穏やかなる実を結ばせり」（ヘブル人への手紙一二章一一節）という聖書の一句を思い出します。富次郎は、二十年十一月四日に洗礼を受けていましたが、この一句はたまたま神戸の多聞教会の*長田《おさだ》時行牧師から送られた葉書の端に書かれていた言葉でした。この一句によって、富次郎は自殺を思いとどまり、困難を乗り切る覚悟を決めたのでした。

富次郎は、播磨幸七の承諾を得て、機械を売却し工場規模を縮小し、神戸から赴任してきた後任の店員に後を託しました。

このように、二十代から三十代の小林富次郎は、新しい経営構想を実行に移してゆく果敢なチャレンジ精神をもって、積極的に活動しました。しかし、そのほとんどが、頓挫します。しかも、短期間のうちの失敗が多いのです。それは、情熱や思いが先行し、経営環境やみずから運営する組織の能力について、冷静な分析ができなかったからでもあります。つまり、富次郎自身の経営者としての経験や洞察力が、まだ充分ではなかったからともいえましょう。別の見方をすれば、

長田時行牧師
明治十九年に多聞教会に着任し、明治三十五年まで牧師として精力的に活動した。日記や書簡などが「長田時行文書」として同志社大学に保管されている（『小林富次郎創業者物語』、同志社大学ホームページ）。

長田時行牧師。長田牧師の言葉で、富次郎は自殺を思いとどまることになる。

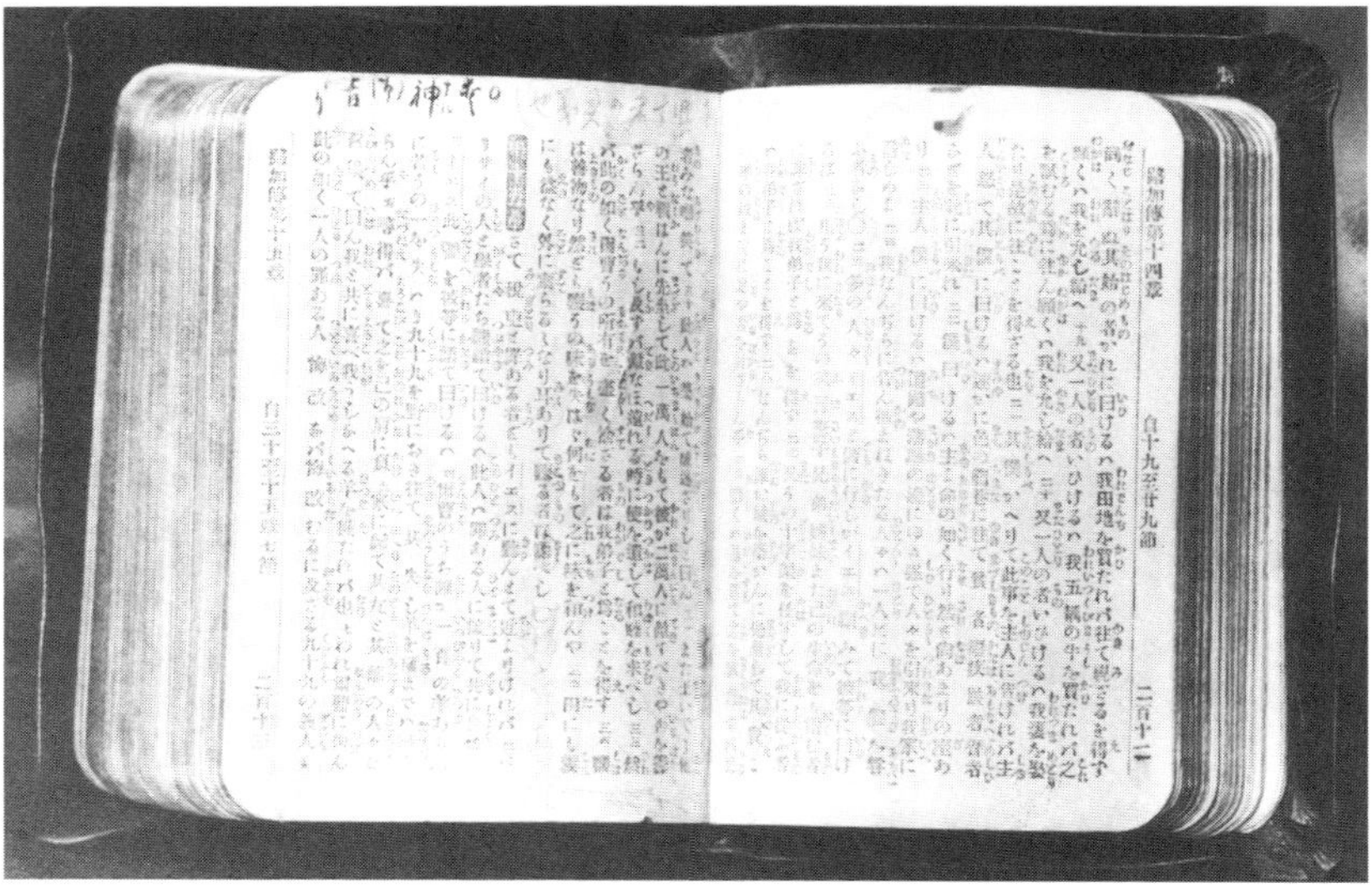

富次郎が熱心に学んだ聖書。時間があるときには常に愛読したといい、本人の書き込みも見られる。経済的にも、また肉体的にも苦しかった時代、精神のよりどころとして富次郎を支えた。

富次郎に自殺を思いとどまらせた一句のように、みずからの不足を自覚させ、能力を磨き上げるための試練の時期であったといえましょう。

第三章　事業基盤の確立と石鹸製造事業

青年期のチャレンジを実らせることはできませんでしたが、富次郎は、鳴春舎と鳴行社の時代に慣れ親しんだ石鹸を中心に、あらたな事業を展開します。今日のライオンの事業基盤を築くのです。ここで、ライオンの創業の頃の小林富次郎の活動についてみてみましょう。

一、失意の帰京と周囲の支援

明治二十三（一八九〇）年の秋に、富次郎は、両眼を患いながら東京に戻りました。富次郎を迎え入れたのは、甥の与助でした。

すでに述べたように、与助は、酒の取次業をもって小林家の再興を期していました。その後、将来の生業について富次郎に相談したところ、石鹸製造業の発展の可能性を示唆されました。そこで、与助は、明治十八年に鳴春舎に入って石鹸製造を学び、翌十九年には、本所区小泉町（現在のＪＲ両国駅の位置）に石鹸工場をもって、おもに石鹸の下請製造を始めました。

二十年には、父親の八代喜助（虎之助あらため清蔵、富次郎の兄）一家を迎えてともに生活するまでになっていました。二十一年には結婚し、その翌年には長男（孝）にも恵まれていたのです。

このように、富次郎の石鹸製造の勧めがきっかけとなって、小林家のなかでは安定した生活を営んでいたのです。その恩返しの気持ちもあったのだと思われますが、富次郎の窮状の助力となることを考えたのでしょう。

甥の厚意にこたえて、富次郎は眼病の回復に努め、ようやく一眼だけは回復することができました。しかし、富次郎の周辺の誤解もあって、物心ともに、不安定な日々が続きました。

後年、富次郎は「私が一生に於て最も困難せるはこの時期である。当時私に基督教の信仰がなかったならば、恐らく自暴自棄して如何なる無謀の挙に出たかもしれない」（『小林富次郎伝』五七頁）と述べています。キリスト教の信仰が、精神面で大きな支えとなっていたことがうかがわれます。経済的には、しばらくは播磨幸七の援助や、妻・はんの開いた一膳飯屋の収入などでかろうじて生活が支えられました。しかし、それはかろうじてというに過ぎず、糊口をしのぐ日々が続いていたのです。

明治二十四年のある日、所用で上京した播磨幸七は、窮状にあった富次郎に対して、

牛蝋
牛のあぶら肉から取れる脂肪のこと。グリセリンと脂肪酸からなり、石鹸原料のほか、食用や潤滑油など工業用油脂原料として重要視される（『日本国語大辞典』）。

創業時の小林富次郎商店。神田柳原河岸にあった。建物の裏手に神田川が流れ、船で運ばれた原料などが陸揚げされ、倉庫に保管された。

「自分が後推しをするから何か商売を始めてはどうか」と勧めてくれました。播磨の激励に再起を考えた富次郎は、自分の経験を生かせる仕事がよいだろうと思い、与助の工場の一隅を借りて、石鹸原料と燐寸《マッチ》原料を扱う店を開業しました。二十四年四月、富次郎三十九歳のときです。鳴春舎の堀江小十郎や横浜の貿易商の松村清吉など、多くの人々に支えられての再出発でした。

さしあたっては、当時、多量の*牛蝋《ぎゅうろう》を抱えていた播磨が、これを提供し、富次郎は得意先を回って、牛蝋その他の石鹸や燐寸の原料を熱心に売り捌《さば》くことから始めました。鳴春舎時代に富次郎が使用していた人々が、石鹸業者のなかで主要な地位についていたこともあって、この商売は順調に進展しました。富次郎の人望と職業上の経験が、ここにいたって大いに生かされることになったのです。

二、ライオン誕生

小林富次郎商店の創業

商売もいっそうの伸展が期待されるようになりました。また、いつまでも与助に迷惑もかけられません。そこで、この年、すなわち明治二十四（一八九一）年の十月三十日、神田柳原河岸（現在の千代田区東神田二丁目）に店舗を移しました。これがライオンの創業の日であり、創業の地とされています。小林富次郎商店は、かくして開業のはこびとなったのです。

ちなみに、後にみる花王の長瀬商店が開業したのは、この四年前のことです。

この当時、扱った商品は、牛蝋、椰子油、苛性ソーダ、香料などの石鹸原料のほか、軸木、塩酸カリ、赤燐などの燐寸原材料および経木真田《きょうぎさなだ》*などでした。その多くは、播磨や松村ら支援者の委託販売品だったのです。人手が必要になり、妻・はんの飲食店を閉じさせ、店員も徐々に雇い入れるようになりました。

翌二十五年、富次郎は、横浜のイギリス一番館（ジャーデン・マジソン商会）から二十トンのコプラ（椰子実）を仕入れて、これを埼玉県の大畑精油所で搾油して、石鹸原料として販売しました。これが、当時の流行であった椰子油速成石鹸の原料として、大い

経木真田
経木は、スギやヒノキの板を紙のように薄く削ったもの。経木真田は、経木を真田紐（武将・真田昌幸が武具などに用いたといわれる丈夫な紐）のように編み、麦わら帽子などに利用された（『日本国語大辞典』）。

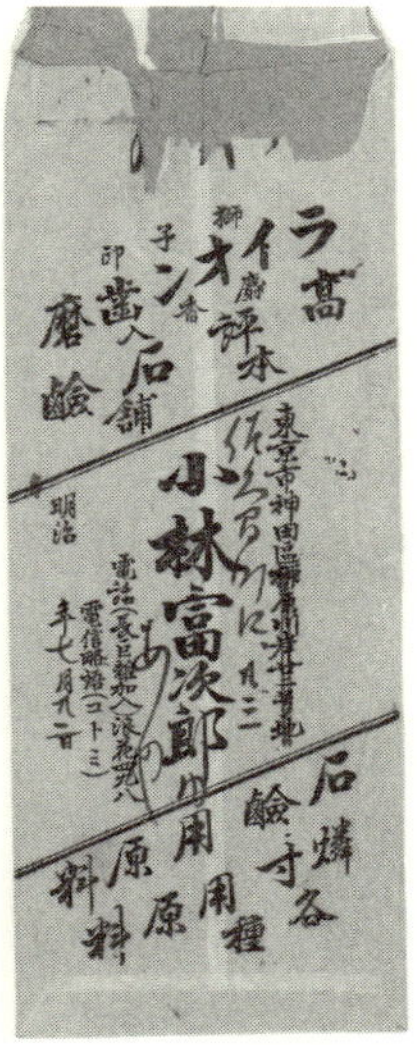

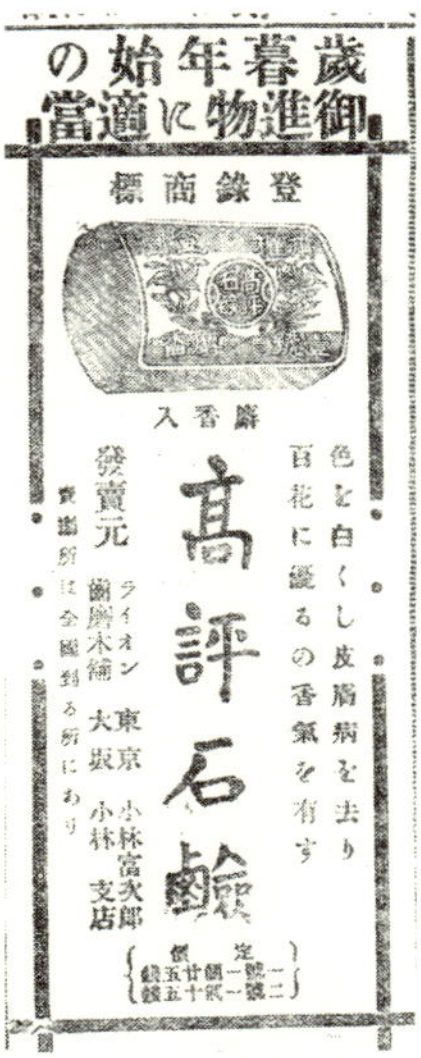

「神田柳原河岸」の文字も見える小林富次郎商店の封筒（右）と高評石鹸の新聞広告（左）。小石川に工場を移してからは、高評石鹸など数種類の石鹸の製造も始めた。

に売れたのです。また輸入椰子油が大方を占めていたなかで、直接の搾油による原料販売は大きな利益幅ともなりました。その後富次郎は、南洋からのコプラ船を買い占めて、大きな利益を蓄積することとなったのです。二十六年には、金港堂に奉公に上がらせていた徳治郎も呼び寄せて、家業に従事させることにしました。

なお、この石鹸用椰子油については、かつて、ある人物が日本製の椰子油を外国産と偽って販売したことがありました。石鹸製造業者は、その品質が劣るため、使用することをやめる者が多くなっていました。富次郎は、日本製であるから品質が劣るがその分安い値段であることをあらかじめ知らせたので、使用者は、承知で安価な日本製油を使うようになったというエピソードが伝えられています。今日でいえば、コンプライアンス*を尊重した姿勢である、といえましょう。

一方、椰子油の直接搾油を始めた年、富次郎は、以前の経験を基礎に、燐寸《マッチ》の軸木事業も再開し、東北地方で産出された軸木を神戸に移出しました。石鹸部とならんで、この軸木部の事業も大いに利益を上げました。かつて、これによって大きな損失を被った播磨幸七も、富次郎との軸木取引の再開によって、その損失を補って余りあるものがあったといいます。小林富次郎自身も、このときのことを「播ける種は遂に芽を出した。禍《わざわい》転じて福となった。石鹸と云い燐寸と云い昔日の失敗は悉《ことごと》く変じて今日の成功を生んで呉《く》れた。天は果たして無意味に人を苦しめないことをしみじみ実験したのは実に当時の賜《たまもの》である」（『小林富次郎伝』六三〜六四頁）と述懐しています。

小石川への移転と与助の他界

その頃、富次郎は石鹸原料の販売業から、石鹸の製造・販売へと事業をシフトさせていく方向に進めていました。これは、いわゆる商業資本から産業資本への転化でもあり、石鹸業界では、後でみる花王の長瀬富郎もそうですし、ミツワ*（丸見屋）の三輪善兵衛なども同様でありました。

さて、富次郎はその手始めとして、与助の石鹸工場で生産する石鹸のすべてを、小林富次郎商店で販売することを試みたのです。これが完全に実現すれば、与助の工場は他

コンプライアンス
compliance　法令遵守の意。業界団体や企業が自主的に決めた倫理規範の遵守も含めて用いられることが多い（『現代用語の基礎知識２００８』）。

ミツワ
明治期から戦後にいたる石鹸製造・販売の主要業者。昭和四十三（一九六八）年に、第一工業製薬、旭電化とともに日本サンホームを設立し、同社は四十七年にP&Gとの合併によるP&Gサンホームとなった。ミツワ石鹸自体は、五十年に会社を整理した。

小石川久堅町一六一
現在の文京区小石川四丁目で、ちょうど共同印刷の敷地内となる（『小林富次郎創業者物語』）。

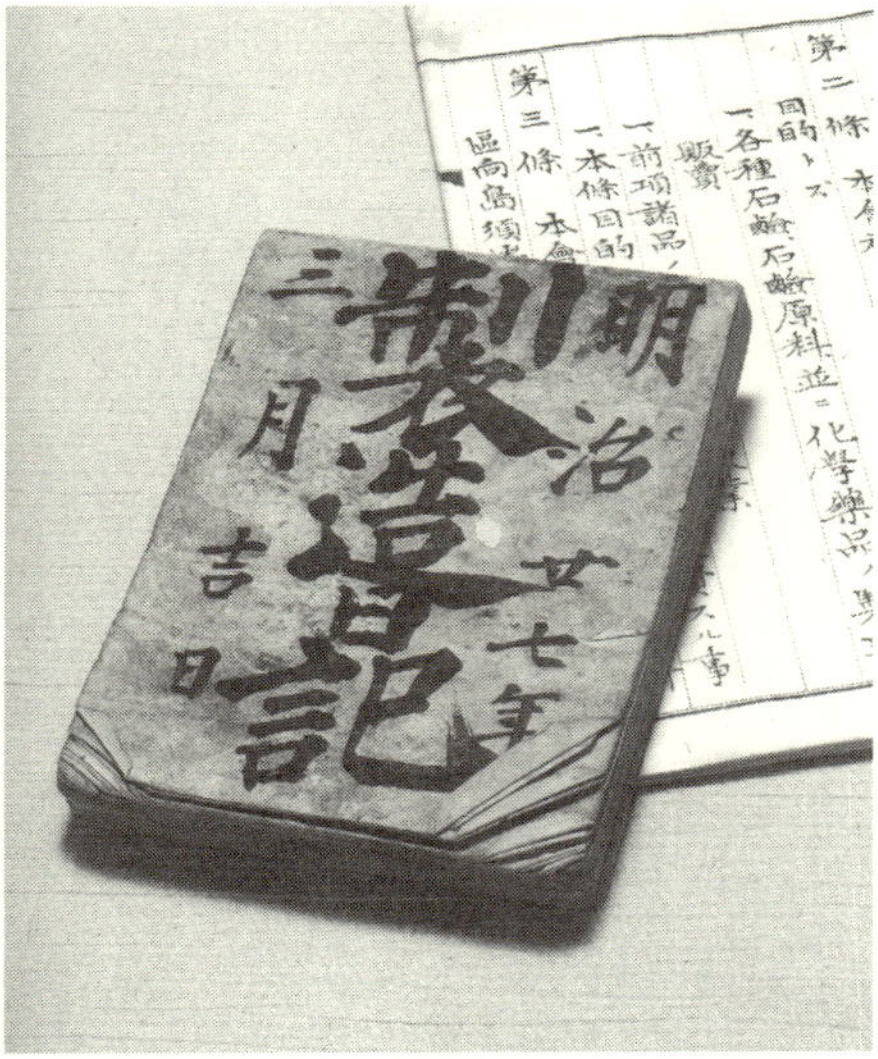

石鹸の釜焚（かまた）き職人の吉崎参司が克明に記録していた当時の石鹸製造日誌。

社の下請工場から脱して、小林富次郎商店という本舗の専属工場となるわけです。

明治二十五（一八九二）年の春、富次郎は与助から、*小石川久堅町一六一番地に石鹸工場の売り物が出ているので購入したい、との相談を受けました。売り主が知人であったこともあり、また小泉工場が手狭になっていることも考慮し、富次郎は、与助にこれを購入させ、翌二十六年二月、工場を小石川に移転させました。

当時、製造された石鹸には、化粧石鹸の「高評石鹸」のほか、繊維産業向けの「絹練石鹸」などがありました。この新工場が稼働した当初は、まだ一部の下請製品も製造されていたようですが、次第にその種の製品の製造は影を潜め、小林商店からの注文品が多くを占めるようになっていきました。これにともない、小林商店と鳴行社との取引関係も縮小されていくことになりました。

明治三十年九月、与助は肺の疾患で不帰の人となりました。三十九歳の若さであり、富次郎にとっては、大きな心の痛手となりました。

小石川石鹸工場は、与助が病に伏した時点でその嗣子の孝の名義としていましたが、与助の後は、与助の弟の友三郎（徳治郎の兄）が面倒をみることになりました。

友三郎は、かつて兄与助とともに、酒の取次業を営んでいましたが、兄を追うように鳴春舎に入りました。二十年に、多忙となった兄の工場を手伝おうとしていたとき、富次郎に頼まれて、軸木原木の事業に参加し、奔走しました。この事業は、先にも述べましたように、富次郎を窮地に追い込む大失敗となったわけです。したがって、富次郎としては、友三郎に大きな迷惑をかけていたことになります。その後、与助の石鹸工場に戻って製造に携わりましたが、有能な石鹸職人がいたことや、怪我のために現場から離れがちでした。それでも、石鹸製造法の研究は続けていたのです。こうした努力が、富次郎の認めるところとなっていました。

この小石川石鹸工場の運営に責任をもつ一方で、友三郎は独立の希望をもっていました。ちょうど明治二十九年の春、村田亀太郎が石鹸や歯磨きを製造していた新宿の工場が売りに出されました。

村田は、越前（福井県）の三国町出身で、先にもふれたように、富次郎が一時経営を担当していた時期に鳴春舎に入り、石鹸製造の修行をしていた人物です。明治二十二年に独立して、内藤新宿南町（新宿区新宿四丁目）に石鹸工場をもったのでした。翌二十三年には、村田自身の工場で、後述する長瀬富郎商店への長瀬留型石鹸や花王石鹸のOEM供給を始め、さらにその翌年には長瀬商店発売の歯磨粉・寿考散を製造していたの*

OEM
original equipment manufacturingの略。供給先企業のブランドを表示した製品を製造して供給すること（『略語大辞典』）。

です。

生産の拡大にともなって、この工場が手狭になり、村田は新しい工場を本所向島須崎に建てることになりました。その設立費用をまかなうために旧工場の売却を小林富次郎に相談してきたのです。旧友の相談を受けた富次郎は、これを購入することを決めて、友三郎の石鹸工場としたのでした。ちょうど、両者の橋渡しも果たしたことになります。

第四章　歯磨き製造への進出

石鹸原料の直接搾油販売、軸木取引の再開によって小林商店の事業基盤を確かにしたうえで、小林家再興の夢は、周囲に支えられつつ、石鹸の製造と販売という事業へ収斂していったことになります。その一方で、小林富次郎とその周辺の人々は、当時の新しい商品であった歯磨きと、それに関連する口腔衛生思想の普及に注目していたのです。

一、ライオン歯磨全国へ

ライオン歯磨誕生

村田新宿工場の購入は、実はたんなる両者の橋渡しというだけにとどまりませんでした。ちょうどその頃、小林富次郎たちは歯磨きの製造を手がけることも考えていたのでした。このため、花王の寿考散という歯磨粉を製造していた村田の新宿工場は、その構想を早期に実現するには好都合だったのです。

当時、石鹸の販売は順調でしたが、月一二〇〇～一三〇〇円ほどの売上げがせいぜいでした。しかも季節変動もあって、売上が下がる時期もあるのです。問屋筋の話として、平尾賛平商店*（東京）の「ダイヤモンド歯磨」などは、月三〇〇〇円の売上になるということも聞きつけました。

加えて明治十七（一八八四）年から歯科医師の開業試験が始められ、彼ら歯科医師による団体の設立にともなって口腔衛生の運動も活発になり、先に述べた福原衛生歯磨石鹸のほか、さまざまな歯磨きが発売されるようになっていたのでした。小林富次郎は、こうした歯磨きの将来性を展望していたのです。

平尾賛平商店
明治十一（一八七八）年創業。売薬や化粧品の創製・販売を事業として発展した。「ダイヤモンド歯磨」は明治二十四年六月に発売（『平尾賛平商店五十年史』平尾賛平商店、昭和四年、二～三頁）。

第１号のライオン歯磨。原料の基礎剤をドイツから輸入し、英国製の香料にもこだわった。

一方、工場では、設備が不完全なため、雨天のときなどは職工の手が空くこともありました。工場で生産を担当していた友三郎は、職工の手を遊ばせない仕事がないものかと考え始めていたのでした。

副店主の徳治郎や、生産担当の友三郎、販売担当の井口昌蔵（明治二十六年入店）なども、歯磨きの製造・販売を富次郎に進言し、ついに富次郎は歯磨き事業への進出を決めたのでした。

こうして販売と製造、両面のニーズが一致し、香粧

小石川工場での包装作業の風景。当初、新宿工場で製造されていたライオン歯磨は、次第に売れ行きを伸ばし、明治 32 年にはすべてこの小石川工場で製造されることになる。

品の製造方法の知識のある薬学校の生徒とともに、歯磨きの製造が試みられました。市場に出まわっている歯磨きの研究をはじめ、友人や知人の話、専門家の見解などを参考にしながら、努力が積み重ねられ、ようやく二十九年の七月、最初のライオン歯磨が製造・発売されました。

当時の歯磨きの商品名には、ゾウやキリンや虎など動物の名前が多かったのです。それら動物のなかでも*「ライオンは呼び声も良く百獣の王」であり、さらにまた「ライオンなら牙も丈夫だし純白である」ということ、そしてライオンの和名が獅子であることから、「獅子印ライオン歯磨」に決まったのです。このネーミングは、知り合いの北山牧師の意見であったと伝えられています。その商標は、生息地の熱帯原野で一頭のライオンが起きあがって睥睨《へいげい》している姿をかたどり、発売四カ月前の二十九年三月に登録を完了しました。

当初、「ライオン歯磨」は友三郎の新宿工場で生産さ

ライオン歯磨の広告。特効として、「歯牙を強固にし又能く光沢発せしむ」など四項目を列挙している。横浜の特約店中村商店の名前が見える。

れましたが、生産量は少なく、友三郎が手車で納入できるほどでした。また品揃えの面でも、紙袋入りと瓶入りの二種類だけでした。しかも紙袋入りは紙の質が悪いために破損し、返品も多かったのです。

紙の質の改良とともに、歯磨そのものも顧客の嗜好に合わせて改良しました。とくに今井樟太郎が創業した大阪の永廣堂の協力で、イギリスの輸入香料を使用することによって、香りの良さで好評を博することとなったのです。

ちなみに今井は、かつて播磨商店で働いていた経験のある人物でした。ここにも、富次郎の人間関係と信用が生かされた面をみることができましょう。なお、その後、香料はロンドンのW・J・ブッシュ商会と小林商店との間で、直接の取引を始めるようになります。

明治44年に完成した上野広小路の広告塔。富次郎は、街頭宣伝にも力を入れ、こうした広告塔のほかにもあらゆる媒体を活用して宣伝を繰り広げた。

全国巡回パレード

ライオン歯磨の最初の注文は、東京の柳下藤五郎商店からのものでした。同商店は、昭和初期に倒産するまで、小間物・化粧品業界の東京の有力店の一つで、後にみる花王の長瀬商店とも取引するようになりました。

発売当初の特約店は、柳下商店を含め東京では四店、大阪でも同じく四店、そして横浜の一店に過ぎませんでした。柳下商店からの最初の注文は、二十ダース一箱入りでした。しかし、前述のように販売は不振でした。

富次郎は、積極的な広告活動を始めることとしました。この将来性のある商品を知ってもらうことが肝要と考えたのです。そのためには、石鹸販売による利益を、この歯磨の販路拡張戦略に投入することを厭いませんでした。

楽隊を従えての全国巡回パレードでは、チラシに効能のほかに特約店の名前も併記して特約店の商売の支援もはかられた。

全国の新聞への広告と実物見本を携帯しての全国の巡回が、主な宣伝方法でした。新聞広告に際しては、品質の良さと効能を訴求することにし、「化学的作用によって種々の奇効を奏す」、「歯牙を強固にし又能く光沢を発せしむ」、「口中の汚物及び臭気を去るに鋭敏なり」、「歯質の敗腐を防ぎ又齲歯《うし》を治するに妙なり」（『ライオン歯磨八十年史』八四頁）といった言葉を新聞の広告文に入れたのです。

新聞のほか、屋外の看板広告、電車の車外広告、建物の屋上広告などによっても、「ライオン歯磨」の情報の浸透をはかりました。

また、明治三十一（一八九八）年には、広告と販売促進のために、富次郎自身が楽隊を率いて、東海道から広島までお囃子で練り歩きました。広島からは、店員を別働隊として伊勢路をまわらせて、富次郎は九州・四国をまわり、いったん帰京した後、東北・北海道へも足を伸ばしたのです。

東北地方でのパレードの様子。数多くのライオン旗をもって練り歩き、各地の人々の注目を集めた。写真からは、今でも注目を集めそうなにぎやかさが伝わってくる。

楽隊は、見本品とチラシを配布しました。チラシには効能書きのほか、その地方の特約店の店名を「小林富次郎」の名前の横に併記して、特約店の商いの支援もはかったのです。と同時に、楽隊の派遣された地方で、特約店網の拡大もはかったのでした。広告をはじめとするマーケティング活動では、徳治郎が金港堂書店で、十年間にわたって教科書販売に従事した蓄積も生かされたといわれています。

さて、こうした販路拡大の活動が功を奏して、明治三十五年頃には、特約店の数が全国で一七〇あまりに増えました。この間の明治三十二年には、西日本の販売センターとして大阪支店を開設し、さらに四十三年には名古屋支店を設置し、中部地域での商品の浸透をはかったのです。

一方、この間の三十三年の歯磨発売三周年企画では、徳用大袋入りを新発売して、その大袋入り歯磨三袋を購入した者を、*回向院の大相撲へ招待しました。これ

宣伝隊のメンバーたち。小林富次郎商店と同じ神田柳原河岸の日の出音楽隊から楽手６名と口上屋１名を呼んで構成された。上段右端が口上屋。

大入り満員だった回向院大相撲。当時人気の常陸山や梅ヶ谷が見られるとあって、市内に限らず地方の相撲ファンも殺到。絶大な宣伝効果を得ることができた。

ライオン
日本にライオンがやってきたのは、明治十九（一八八六）年チャリネのサーカス団が連れてきたのが第一号と言われている（ライオン歯磨八十年史』）。

回向院大相撲
このときの様子は、当時美術写真師として有名だった神田駿河台・気賀玉翠館主により撮影され、写真二〇〇〇枚が作成された。この写真は得意先へのプレゼントとして贈呈され、ここでも話題となった（『ライオン歯磨八十年史』）。

は、五月場所に引き続いて行われた大相撲を二日間借り切っての招待であり、二万人を超える観客となったといいます。

一厘の慈善券

ところで、この年、富次郎は腸チフスを患いました。これを機にみずから禁酒すると同時に店員にも禁酒を説き、さらに広く禁酒運動を展開することになります。また、病床にあって、社会への奉仕の思いを強くしたといいます。前述のように、富次郎はすでに、岡山孤児院への寄付など社会貢献の実績もあったわけですが、そうした思いが病を得てさらに強くなったのでしょう。

「何か良い方法はないか」と、病床で思いをめぐらしていた富次郎は、『時事新報』に掲載されていた、アメリカの石鹸会社・カーク商会による「慈善券」発行の活動の記事に注目しました。アメリカの新聞に掲載されていたものを、『時事新報』が紹介していたのです。富次郎は、次のように考えました。

「一個人の力は如何に多くとも知れたものであるが、若しも全国民に慈善思想を普及せしむるに於ては、其結果慈善事業に安全なる基礎を与える事が出来よう。従来我国の孤児院其他の慈善団体を見るに其経済上の基礎何れも皆不安定である。」（『小林富次郎伝』

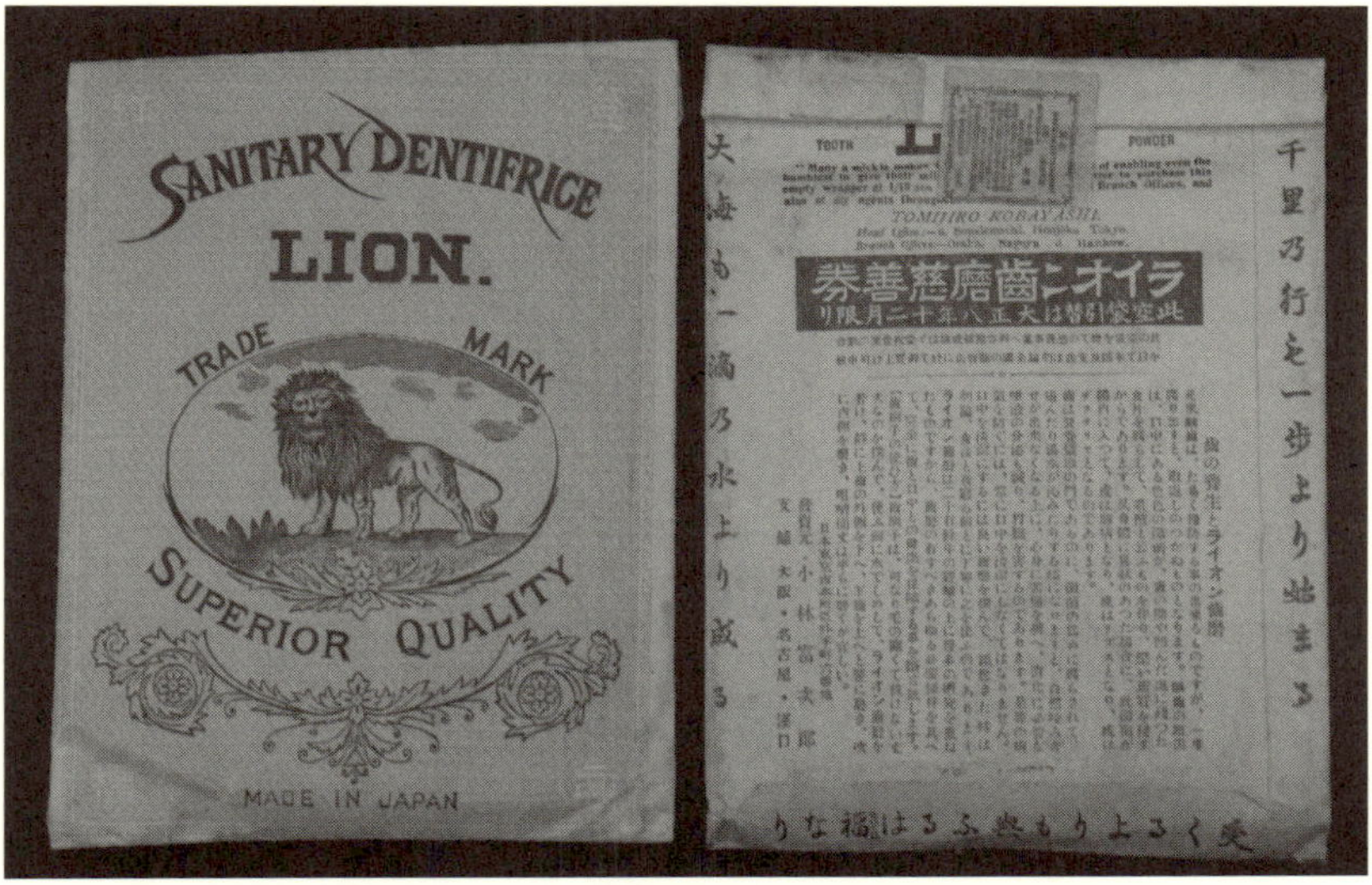

慈善券（右）と慈善券付きライオン歯磨袋（左）。この空き袋を慈善団体にもっていけば、慈善団体が小林商店にそれを転送し、その分現金が渡されるという仕組みだった。

七八〜七九頁）

つまり、商品ごとの小さな一滴を集めて大海とし、これを慈善団体の運営に役立てよう。これならば、日本でも奉仕の実を上げるかもしれない。こう思った富次郎は、さっそくこの記事を参考にしながら、慈善券を発行して、社会奉仕の思いを実行に移すこととしました。これは、価格三銭の小袋入り歯磨の裏面に*一厘の慈善券を附して販売し、顧客は寄付を希望する団体に空の袋を提供して、当該団体から小林商店に請求された金額を寄付するというものでした。

捨てられる袋もあるために、回収された小袋が販売した数よりも少ない場合でも、富次郎は、その差額を全国の施設に寄付して、販売額全額の寄付を実現させました。すなわち、実際の販売個数に相当する慈善券の発行高分全部を寄付に充てることにしたのです。たとえば、明治四十三（一九一〇）年の慈善券の発行高は二万一九八九円八九銭二厘でしたが、換金された空

銭と厘
厘は銭の十分の一なので、三銭のうちの一厘と言えば約三・三%。かけそば一杯一銭を五〇〇円と考えれば、一五〇〇円の商品に対して約五十円の寄付がなされたことになる（日本銀行金融研究所貨幣博物館ホームページ他）。
↓一八三頁表参照

袋は九二三二円八三銭三厘に過ぎませんでした。そこで、差額分の一万二七五七円余も寄付額として補充したのです。

当初、この慈善券発行に対して、賞賛の声をあげる者がいる一方で、またも新手の広告戦略かと評する者もありました。なかには「あれだけの金高を慈善事業に寄付する以上は、それだけ商品の品質を落とさなければならぬ筈である」（『小林富次郎伝』八一～八二頁）と非難する向きもありました。しかし、この非難は間違っていました。実際には、小袋を入れていた上質の外箱を簡易な段ボールに改めて経費を節約する努力があってのことだったのです。

明治 41 年の慈善券決算報告の新聞広告。寄付した慈善団体とその金額が掲載されている。

さまざまな世評のあるなかで、毎年、慈善券の団体への分配実績が新聞紙上に発表され、次第に初期の疑義が払拭されていったのでした。そして寄付金総額は、二十年間で三三万六五〇〇円余りにも達したのです。これらの寄付は、ほぼ全国の施設へ贈られました。

このうち、すでに小林富次郎と関係のあった岡山孤児院では、石井十次院長の構想で、毎年一つずつ記念館を建てていくことにしました。慈善券の発行された明治三十三年から四十三年までの間に、十棟のライオ

岡山孤児院のライオン館。慈善券の発行が始まった明治 33 年から 43 年まで、毎年ライオン館が建設され、それぞれの館で 100 人以上の孤児たちが生活をともにした。

ン館が建設され、それぞれの棟で一〇〇数名の孤児が生活をともにしました。また、教育方針として、土に親しませることに重きを置いていたこともあって、寄付者にちなんだライオン林とライオン畑も設けて、植林や栽培の作業を学習させました。

ところで、この慈善団体への寄付金の分配にあたって、小林商店の従業員が出張してその運営の実態を調査しました。また内務省の調査なども参考にしました。こうしたことによって、日本の当時の慈善団体の実情が判明することになったといわれています。

なお、慈善券発行のモデルであったカーク商会は、後に小林商店とライオン歯磨の一手販売契約を結ぶことになります。

二、高品質と国産化をめざして

品質へのあくなきこだわり

製品の研究が続けられた小林試験所。原料試験と新製品の研究および製品の改良研究を担当し、品質の保証と向上をはかった。

他方、小林富次郎は、品質の良さを客観的に証明してもらうための努力も続けました。明治三十（一八九七）年四月には、京都博覧会に「ライオン歯磨」を出品し、それが認められて、この博覧会では「進歩賞」を受賞しました。これをはじめとして、富次郎は内外の博覧会に出品してアピールしました。また三十四年には、内務省東京衛生試験所に「衛生上害否鑑定」を依頼しました。こうした品質の客観的な認証へのこだわりは、富次郎の次の世代にも継承され、後に国内だけではなく、海外でも大正七（一九一八）年にロンドン衛生試験所の品質合格証明書を発行されたのをはじめ、いくつかの品質鑑定によって製品の優秀さが保証

ニッケル鑵入煉歯磨。明治 36 年に発売した固煉歯磨は、当初は瓶入りのものだったが、旅行などの携帯にも便利なようにニッケル鑵に入ったものも発売された。

されることになります。

認証を得るために、そして認証を得た後もそれに満足することなく、品質向上の努力が積み重ねられました。

小林富次郎商店では、薬剤師・松野恵三を迎え入れたのをきっかけに、かつての石鹸工場から歯磨製造の専用工場となっていた小石川工場を拡張して、小林試験所を設置しました。明治四十年七月のことです。また、それと同時に東京分析所も併設しました。小林試験所は、原料試験と新製品の研究および製品の改良研究を担当しました。そうした研究の中から、気候条件の変化に対応できるニッケル鑵入煉歯磨が開発されたのです。また、この歯磨きの開発過程で、色素にも改良が加えられました。

一方、東京分析所の方は、社内の優良技術を社外にも公開したり、外部からの分析依頼や分析研究にも応じ、業界発展のための技術情報センターの役割を担う

磯辺工場。主要原料の国産化に向けて、良質の炭酸カルシウムがつくれる磯辺の鉱泉は貴重だった。この磯辺工場は広く技術研究の成果を公開する機能ももつことになる。

ことになったのです。

主要原料を国産品に

ところで、それまでの英国製の歯磨き原料は、おおむね規格の基準を満たした良質のものではありましたが、なかには基準に満たないものもありました。製造責任者の友三郎は、ことのほか品質に厳しく、検査で不合格になった原料の使用は決して認めませんでした。

そうした輸入原料は、不良原料が含まれているほか、検査での合格品も割高でした。そこで、明治四十一（一九〇八）年の九月に、主要原料の炭酸カルシウム製造のための磯部工場（群馬県碓氷郡磯部町、現在の安中市、大正十二年閉鎖）の建設に着手しました。磯部の鉱泉は、炭酸泉で有名です。しかも純粋な炭酸ガスであることがわかり、試みに水酸化石灰乳をつくって、その炭酸ガスを吸収飽和させてみたら、良質な炭酸カルシウムができたのです。ちなみに、この磯部工場は、同業者の見学希望にも応じて、ひろく技術研究の成果を公開する機能ももったのでした。

いま一つの主要原料の炭酸マグネシアについては、大阪の薬剤師の木村秀蔵が、その製造を任せてほしいとみずから申し出てきました。木村は播州の坂越《さこし》に工場を建設し、供給体制を整えたので、これに依存することとなりました。

他方、ロンドンのブッシュ商会からの輸入に依存していた香料ですが、まだ嗜好品の一つであった歯磨きは、その配合の間違いは致命的となるので、国産への切換えは慎重でした。しかし明治三十九年に、香料の輸入関税が三倍にも引き上げられ、これが大きなきっかけとなって、曽田香料株式会社の創業者である曽田正治が三年がかりで開発した国産原料を取り入れることにしました。輸入品との混合とはいえ、いちおう国産香料が使用されることになったのです。

こうして、主要な原料を国産品でまかなう自給体制が実現することとなったのです。

第五章　海外への展開と会社の継承

これまでも、眼病はじめ多くの病に苦しんでは再起を果たした小林富次郎でしたが、またもや大きな病に悩むことになります。そうしたなかで、彼のキリスト教への信仰心は、いっそう深まりました。一方、かつての香港からの撤退、すなわち海外の失敗の経験から失地回復をはかるかのように、富次郎は海外への展開に向けて行動を起こします。そうした過程についてみてみましょう。

一、歯磨きの輸出と石鹸事業への迷い

海外視察とバンザイ歯磨

小林富次郎は、明治三十七（一九〇四）年の四月、胆石症*を患い一時は危うい状態にまで陥りました。しかし、またもやそれを克服しました。病床にあって、富次郎の支えとなったのは、やはり聖書でした。一日として、これを読まなかった日はなかったとい

胆石症
胆道内で胆汁成分が固まったものが胆石で、胆石の種類や位置により病名・症状も異なる。胆石症は総称。典型的な症状は、突然始まる激しい右上腹部痛、発熱、黄疸（『南山堂医学大辞典』他）。

います。信仰の心が励みにもなって、同年七月には平常の生活ができるまでに回復しました。四年前に続いて二度の大病を克服した富次郎は、家族の薦めもあって、永年の希望でもあった欧米視察の計画を立てました。そして翌三十八年四月から、八カ月間にわたる旅に出発したのでした。

旅行には、伝道のかたわら、小林商店の外国貿易部顧問を兼ねていた加藤直士が同道しました。通訳を期待されてのことです。加藤は、本郷教会の海老名弾正*門下生の一人でもありました。富次郎の委嘱を受けて、旅行中に富次郎がみずからの人生の歩みについて語った内容をもとに『小林富次郎伝』（明治四十四年）を刊行することになります。

ハワイを経て、太平洋岸の諸都市をまわった一行は、シカゴに出て、シカゴの石鹸会社のカーク商会と、アメリカ・カナダ・メキシコでの「ライオン歯磨」の一手販売の契約を結びました。カーク商会は、あの慈善券の模範となった会社です。その後、イギリスに渡って、従来から取引先であった香料会社のロンドン・ブッシュ商会と、ヨーロッパの一手販売代理店契約を結びました。また、イギリスでは、リバー・ブラザーズと「スワン石鹸」の東洋一手販売の契約も結びました。

シカゴ視察中の富次郎（左端）。右から二人目が同道し、通訳も期待された加藤直士。

海老名弾正
安政三（一八五六）〜昭和十二（一九三七）年。キリスト教思想家・教育者。熊本洋学校で近代洋学を、同志社英学校でキリスト教教育を受け、本郷教会では「新人」、「新女界」など雑誌を創刊。キリスト教に限らず広く執筆し、思想界に大きな影響を与えた（『日本近現代人名辞典』）。

英米向け輸出用に製造された「萬歳歯磨」（右）と輸出用桐箱入り粉歯磨（左）。アメリカ人にも耳慣れていた「萬歳」を商品名とした。

その後、ベルギー、ドイツ、オーストリア、イタリア、スイス、フランスをまわり、再度、イギリスに渡って、アメリカを経由して帰国しました。この八カ月の間、幸い富次郎は健康にも恵まれ、欧米への事業展開の大きな基盤を築くことができたのでした。しかしその一方で、海外の石鹸工場をつぶさに視察し、その規模や技術水準について、彼我の格差を痛感すると同時に、副産物についての知識を得ます。このことは、後述するように、富次郎にある決断をさせることにもなります。

ところで、富次郎は欧米への輸出品のネーミングも工夫しました。アメリカでは、ドクター・ライオンという名前の類似した商品があり、ライオン歯磨のあまりの低廉さが品質への疑義につながるということが懸念されました。折から、日露戦争*での日本の勝利を伝える新聞報道で、アメリカでは「Banzai」（万歳）という言葉が普及していました。そこで、これをもらって

明治39年10月に開設された天津支店。天津支店では、楽器や時計なども販売された。

「萬歳歯磨」（Tooth Powder Banzai）を発売しました。

その後、欧米視察翌年の三十九年六月から、富次郎は実業組合連合会からある調査委員を委嘱されて、中国・満韓地方を視察することになりました。委員としての仕事を終えた後、富次郎は自社製品の販路拡大のための調査を実施し、この地域に支店を設ける必要性を痛感しました。そして、帰国二カ月後の同年十月、天津支店を開設しました。

同支店では、ライオン歯磨のほかに、内外石鹸、化粧品、さらに欧米視察の際にもち帰った語学蓄音機などを扱い、また日本楽器*、服部時計店、森下博薬房（後の森下仁丹）などの委託商品も扱いました。これらの商品の販売を委託する側は、それだけ小林富次郎商店を信用していたことになります。一方、日本への輸出品としては、牛脂、牛骨、ブラシ毛、馬毛、南京豆などを扱っています。この取扱商品の多様さは、いわば商社の業務といってよいでしょう。この点にも、かつての播磨商店時代の経験がいかされているように思えます。

この後、さらに富次郎は、同年十月から翌四十年五月には、中国東部とインド方面へ旅行しました。この旅行中の三十九年十二月には漢口支店、翌四十年一月には上海支店

日露戦争
明治三十七年に起こったロシアとの戦争。日本軍は、日本海海戦で勝利を収め戦局を優勢にしたが、財政面などで限界に達し、一方ロシアも革命運動が激化するなど国内事情により三十八年、アメリカ・ポーツマスで講和条約を締結（『岩波日本史辞典』）。

明治 40 年 1 月に開設された上海支店（右）とインドなど熱帯地方への輸出用として製造された「カーボリック歯磨」桐箱入り。消毒殺菌剤カーボリック・アシド（石炭酸）を配合していた。

をそれぞれ開設しています。その後、香港、広東、シンガポールをはじめ各地に特約代理店を設定していくことになったのです。英米向けに独自のブランドを発売したのと同じように、*インドや東南アジア向けにはジャポニカ歯磨、中国向けには獅子牙粉をそれぞれ発売しました。

村田亀太郎・浮石鹸の波紋

さきにみた欧米視察で、小林富次郎は、欧米の石鹸製造の規模と技術の両面で彼我の格差を痛感し、石鹸製造からの撤退も考えるようになりました。そして高評石鹸などの自社製品の整理を決意します。しかしその一方で、欧米の石鹸工場視察を通じて、副生される*グリセリンの可能性に注目するようになったのです。日露戦争後のことでもあり、火薬工業用の原料としても、グリセリンを扱う可能性が考えられたのです。

日本楽器

現・ヤマハの前身。創業者・山葉寅楠がオルガンの修理・製作から「山葉風琴製造所」始めたのが明治二十一（一八八八）年。ピアノの製造開始が明治三十三年。明治三十七年にはセントルイス万国博覧会にピアノ、オルガンを出品して名誉大賞受賞するなど、国内外で高い評価を得ていた（ヤマハホームページ）。

インドや東南アジア向け

この地方の飲食物、趣味、衛生状態、健康状態などを研究し、特性の「消毒殺菌剤カーボリック歯磨」が用意された。これは特有の辛辣味とさわやかな香り、消毒殺菌の効果も大きいという特性をもつものであった（『ライオン歯磨八十年史』）。

そこで、欧米視察からの帰国後、村田亀太郎をシカゴのカーク商会へ派遣し、グリセリンの回収精製技術を習得させることにしたのです。

村田は、前述のように、小林富次郎に内藤新宿の工場を売却した後、本所向島須崎の新工場で、後述する花王石鹸の下請生産などを行っていました。その後、花王が明治三十五（一九〇二）年に請地工場を新設するとその製造主任に就きましたが、二年後に辞めて、小林富次郎や堀江小十郎の出資で、上海で豊泰工場という石鹸工場を営んでいました。結局これも失敗し、引き上げていたところだったのです。

明治三十九年、グリセリンの回収精製法とともに、アメリカで流行になっていた浮石鹸の製造法を身につけて帰国した村田は、その頃、業界の調査委員として中国に渡っていた小林富次郎を追いかけて、上海で会談の時間をもちました。熱心に浮石鹸の製造を勧める村田に対して、富次郎は、自分はリバー・ブラザース社の浮石鹸の輸入代理店となっているので難しいと断りました。

傷心した村田は、渡米前から接点のあった丸見屋の三輪善兵衛に相談し、村田の出身地の越前三国町の名前を付けたミクニ浮石鹸を、翌四十年に発売しました。しかし、その広告文が業界を揺るがす大問題に発展したのです。

「純良なる石鹸軽くこれに反し不純良石鹸は重し。これ混合物多き故なり。石鹸を水に浮かして見るは混合物の有無を鑑別するに最良の方法なり」という広告文に対して、「浮

グリセリン
十八世紀末にスウェーデンのシェーレが発見したグリセリンは、その後ソブレロのニトログリセリンの発見、さらに一八六六年ノーベルがグリセリンからダイナマイトを作ったのを機に、需要は一気に拡大した（『花王石鹸五十年史』）。

工員に対する考え
富次郎が尊重したのは「人の頭たらん者は反って人の僕となるべし」という聖書の教えであり、主人というよりむしろ親として工員たちに対した。その影響もあって、子供の頃から富次郎が手塩にかけて育てた工員たちは、家の都合などやむを得ない場合以外、中途退社が一人もいなかった（『ライオン歯磨八十年史』）。

石鹸自体の製法は石鹸生地に空気を吹き込み、比重を軽くしたにすぎないから、それだけで石鹸の純良、不良の判定はできない」（『ライオン油脂六十年史』一三頁）と業者は、猛然と反発したのです。この騒動は、東京小間物化粧品卸商同業組合にもち込まれ、同組合では村田亀太郎に対して、一年間の取引停止を言い渡したのでした。

この組合の裁可の後、丸見屋は下請工場を村田工場から芳誠舎へと切り換え、村田は、失意のときを過ごすことになりました。小林富次郎は、そうした村田をまたもや支援します。四十二年に村田工場の運営に参加し、小林商店から大塩貞治を派遣したのです。

なお、その後、富次郎は、いったん中断を決意した石鹸事業を継続する方向へと転じ、後述する同年設立の匿名組合の目的には、「石鹸の製造販売」が明記されます。

二、小林流企業倫理の浸透

小林夜学校で「花嫁修業」

小林富次郎は、協同者としての従業員という考え方から、教育制度を整備して人的資質の向上と社風の確立に努めました。

すでにみたように、富次郎は、鳴行社時代に夜学校を開いたことがありました。これ

夜学校の様子。女子職工たちが裁縫を習っているところ。写真奥にはミシンも見える。当時の職場教育としては画期的なことだった。

と同様に、明治三十四（一九〇一）年十二月、小石川の工場内に小林夜学校を開設しました。当時、小学校を出ていなかったり未修学の工員も多く、このため女工のなかには、結婚前に裁縫などの花嫁修業や教養を身につけるために、退職を申し出る者もあったのです。そこで、せめて小学校程度の知識や教養と、裁縫などの家事に関わることを身につけてもらおうと考えたのでした。

開校当初は、五十人程度の生徒数でした。ところがそのなかには、夜業での賃金がもらえないということで、他に転じる者や不満を言う者もありました。そこで富次郎は、夜業分の賃金を補填して、工員にしっかりと基礎的な学力を身につけさせることにしました。

小林富次郎は、工員*こそが社業を発展させてくれるみずからの協力者である、という考え方をもっていたのです。したがって、彼らの資質向上には、経費も時間も惜しみませんでした。

夜学校では、小学校の教科にしたがって普通教育と裁縫を教えましたが、小林の信仰するキリスト教の関係者の協力も得ました。野口牧師の協力によって、著名な先生に嘱託を依頼し、裁縫用として三台のミシンも設置しました。当時の職場教育の現場としては珍しいことです。著名な画家や歌人にも、先生として授業を依頼しました。男子の教育では、労働運動の旗頭となっていて、大正元（一九一二）年に友愛会を設ける鈴木文治や、城南教会の和田牧師などにも指導を委嘱しました。

この夜学校は、大正十二年九月の関東大震災のために、一時期、中断のやむなきに至りました。しかし、昭和二（一九二七）年の十月に、前年の改正工場法によって普通教育修了者を採用するようになったこともあって、新たな教育目標を設定して教科内容も改め、墨田学園という新たな名前で再発足することになります。

ところで、小林富次郎は、営業所の若手従業員にも、東京基督教青年会の夜学校に通学させて英語の学習を奨励しました。しばらくすると、人数も希望する教科も多くなったので、教員を本店や支店に招いて、授業を担当してもらうことにしました。

酒豪・富次郎
壮年になってからの富次郎は、仕事の前に五〜六杯も引っかけるというほどの酒豪だった（『ライオン歯磨八十年史』）。

禁酒禁煙の規則をつくる

右にみたように、小林富次郎は、夜学校や基督教関係の協力者による教育を通じて、従業員の資質向上をはかるとともに、小林流の企業倫理も浸透させてゆきました。

富次郎は、酒造業の家に生まれたこともあって、若い頃はずいぶんの酒豪*でならしたものでした。しかし、健康を損ねた経験から、禁酒を決意するようになりました。そして、健康を保つため、また禁酒を実行する克己心を養う意味でも、さらに仕事上の信用を厚くする意味でも、従業員に対しても禁酒*を遵守させることとしたのです。この禁酒の方針については、小石川工場長の友三郎が、小石川禁酒会を結成して、模範を示しました。明治三十六（一九〇三）年のことです。

また富次郎は「正直と親切と勤勉」を旨として、みずから率先して、この理念を浸透させました。こうした富次郎を慕って、進んで入店する者も増えていったのです。

三十九年十月には、店員の階級と待遇、工場使用人、休日*などの「店則」を定めて、労働条件を明確にしました。これまでの慣習的な方法では、管理の限界を超えた人数になったからです。これまでの従業員も、明文化されたことによって、安心して働ける環境になりました。その頃の「店則」には、次のような職場倫理に関する規定もありました。

①飲酒喫煙を禁ずること
②信用を資本と心得ること
③客には親切に、定価は不二なること

禁酒事業への貢献

富次郎の禁酒にまつわるエピソードとして、大阪でのパーティの話がある。数百人の取引先を招待したにも関わらず、富次郎はここで一滴の酒も出さず、絹地反物一反を引き出物としてもち帰らせた。酔いもせず、さらに上物の反物まで土産にもち帰られて招待客の家人は喜び、この会は新聞などで賞賛されたというのである。このように、富次郎は日本の禁酒事業に有形無形の援助を与えて貢献し、日本禁酒会は富次郎の死後、機関紙「国の光」で、「ライオン号」と題する特別号を発行した（『ライオン歯磨八十年史』）。

この頃の休日

創業当初は、毎月一日と十五日および天長節などの三祝祭日だけを休日としていたが、この頃には隔週日曜日を交代で休むようになっていた。店則では、それがそのまま明記され実施された。ちなみに二代富次郎の代になってから、当時画期的といわれた日曜全休制としている（『ライオン歯磨八十年史』）。

④文明商人の気風を養うこと
⑤主家の業も自己の業と思うこと
⑥質素勤倹の美徳を発揮すること
⑦博愛仁慈なるべきこと

（『ライオン歯磨八十年史』一〇八頁）

このような規範の遵守に努めることよって、小林商店の従業員同士が結束を強める一方、その従業員の集合体である小林商店それ自体の声価も高まっていったのです。

三、ライオン株式会社へ

個人経営からの脱皮

海外視察をふまえて海外への販路拡大に努めた後、富次郎は商店の経営を徳治郎に委ねるようになっていきました。波乱を経ながらも、小林家再興の願いがほぼ遂げられたとの思いからでしょう。富次郎は、明治四十二（一九〇九）年七月、小林家の菩提寺・光徳寺に石碑を建立して、みずからの足跡を刻みました。

小林富次郎やその嗣子徳治郎は、経営の近代化のために、従来の富次郎による個人経営から脱皮して、組織化をはかることを考えていました。そこで、明治四十一年六月、出資金三十万円の匿名組合を発足させることにしました。この匿名組合という企業形態は、当時の商法に定められたもので、商人すなわち経営者が、他の者（匿名組合員）からの出資に基づいて経営活動を行い、そこから生ずる利益を分配するというものでありました。したがって、匿名組合員は、債権者のような立場になります。

さて、匿名組合の商号は「小林商店」であり、代表者は「小林富次郎」、その目的は「歯磨、石鹸、化粧品の製造販売、工業用原料薬品、雑貨の販売」とされました。出資金三十万円の出資内訳は、十四万円が小林富次郎（組合代表）、三万円が小林徳治郎（組合代表代理）、小林友三郎（工場長）、井口昌蔵（大阪新店長）の三名で計九万円、二万円が松岡保之助（徳治郎の実兄で呉服屋勤務の後に入店し天津支店長）、神谷市太郎（支配人）、杉田儀市（漢口支店長）の三名で計六万円、一万円が小林幸吉（副工場長）でした。

利益配分については、「純利益額の半額を配当し、残り半額を積立金及び組合員及び店員一般の賞与金に充当する」とされています（『ライオン油脂六十年史』一

堅忍遺慶

「耐え忍び、耐え忍び、その後に慶びがのこる」という意味。若き日の苦労にも耐え忍び、みずからの会社を発展させた富次郎の思いが詰まっている（『小林富次郎創業者物語』）。

菩提寺の光徳寺に富次郎が建立した石碑。「堅忍遺慶の碑*」と刻まれている。

三頁）。おおむね、利益の半額は出資者への配当、残る半額は今後の利益源泉あるいは出資者の組合員も含めた利益創出の功労者への賞与という按分であったといえましょう。

こうして、組合代表の富次郎、代表代理の徳治郎以下数名の責任者による責任分担の体制ができあがりました。

なお、同社の契約期間は明治四十一年六月二十一日より十年間とされたのですが、ちょうど十年目の大正七（一九一八）年九月に株式会社小林商店に改組されます。

その新発足にあたって定められた全九章の店則の第二章「主義」・第四条には、「およそ当会社営業並びに工務万般の事務は正義廉直を以て基としいささか悖徳《はいとく》汚行の挙措《きょそ》あるべからず」（『ライオン一〇〇年史』一一九頁）とされています。これは、小林富次郎の経営者としての堅実さと信用を重んじる姿勢を、着実に継承したものといえましょう。

ライオン石鹸の誕生

その一方で、徳治郎は、明治四十三（一九一〇）年の秋、富次郎との親交の厚い村田亀太郎の要望を受けて、資本金三万円の合資会社ライオン石鹸工場を設立しました。販路を失い窮状にあった村田を支援するかたちでの新会社設立でした。そればかりではなく、いったんは撤退も考えていた石鹸事業を継続しようという、富次郎の志を継承して

明治 43 年 11 月 23 日、日本基督教青年会寄宿舎落成式に出席した富次郎（前列ほぼ中央）。公的な場での富次郎の最後の写真となった。

のことでもありました。

出資は、小林富次郎商店が一万五千円、村田亀太郎の向島須崎工場設備一切の現物出資で一万五千円、社員は村田亀太郎（代表社員）、小林富次郎、村田長太郎（村田亀太郎の実弟）でした。

なお、この石鹸工場の出現により、小石川工場は歯磨き専用工場となりましたが、大正四（一九一五）年の春に類焼にあい、翌五年、本所厩橋に新工場が設立され移転することになります。

前述のように、大正七年九月に株式会社小林商店が設立され、その翌年の八年八月には、この合資会社ライオン石鹸工場もライオン石鹸株式会社に改組されて、その後、株式会社小林商店の石鹸部門を新設のライオン石鹸株式会社に吸収させることになりました。その時点から、株式会社小林商店は、歯磨き専業の企業として事業を継続してゆくことになります。

「法衣を着た実業家」逝く

晩年、事業基盤の確立をみとどけた富次郎は、石鹸製造同業組合や小間物化粧品卸商同業組合などの発展に尽力する一方、キリスト教信者として、また禁酒運動の担い手としての活動に力を注ぎました。「飲酒の弊を我邦実業界から除き去らなくては商業道徳の刷新は到底覚束ない」と主張し、しばしば演壇に立って力説しました。

そして、言葉だけではなくみずからの実践をもって、その模範を示したのです。富次郎のこうした姿は「法衣《ころも》を着た実業家」ともいわれました。また、度重なる事業上の困難と大病、そしてそこからの再起ということを考えますと、まさに、事業の「成功と同時に人格が輝いて来た」といってよいでしょう。

明治四十三（一九一〇）年の十一月末から病に伏していた富次郎は、同年十二月十三日、創業の地である神田柳原河岸の店舗の二階で、静かに息をひきとりました。その企業家としての五十八年の足跡は、「事業を通して社会に奉仕する」というライオンの社是を生む大きな基盤となったといえるでしょう。

小林徳治郎。徳治郎は、養父から引き継いだ会社をさらに発展させていく。

富次郎の葬儀の列。小林富次郎商店として出発した思い出深い神田柳原河岸から千数百人の人々に見守られながら、神田・東京基督教青年会館に向かい、しめやかに葬儀が営まれた。

なお、その後、株式会社小林商店（昭和二十四年にライオン歯磨株式会社と改称）と、石鹸はじめ油脂部門専業のライオン石鹸株式会社（昭和十五年にライオン油脂株式会社と改称）は、小林富次郎の偉業と遺志を継承して、それぞれの事業を発展させてゆくことになります。その両社は昭和五十五（一九八〇）年の元日をもって合併し、現在は、ライオン株式会社として、新たな事業を展開しています。

ゆかりの地・本所の現在のライオン本社。戦後の一時期、石鹸事業と歯磨きなどの事業を別会社で行ったこともあったが、それぞれが発展し再び合併。現在の広範な活動に至っている。

現在、ライオンが扱っている商品群。歯磨きはもちろん、洗剤やシャンプーなど多種多様な製品を扱うようになっている。

高品質の国産石鹸を求めて

長瀬　富郎

ながせ　とみろう

文久三（一八六三）年十一月二十一日、美濃国恵那郡福岡村生まれ。明治四十四（一九一一）年十月二十六日没。二十三歳で長瀬商店（現・花王株式会社）を創業。「品質のよい国産石鹸を普及させたい」との望みから「花王石鹸」を発売し、現在の花王の基礎を築いた。

第一章　生い立ちと修行時代

現在の花王株式会社と、創業者の長瀬富郎を直接結びつけて考えられる人は少ないでしょう。実は、現在の花王の商品エコナのネーミングは、Edible Coconut Oil of Nagase（長瀬の食用椰子油）に由来するのです。創業者の嗣子・二代長瀬富郎の時代の昭和三（一九二八）年に発売された商品名が、内容を一新して復活したものなのです。まさにエコナの〝ナ〟に長瀬の名を残しているのです。

さて、その初代長瀬富郎は、どのような家に生を受け、どのような少年期を経て、独立創業への道を歩んだのでしょう。まず、その生い立ちからみてみることにしましょう。

一、長幼の序列と強い意思

代々続く商家のしきたりのなかで

長瀬富郎は、文久三（一八六三）年十一月二十一日、美濃の国・恵那郡福岡村十二番

苗木藩
美濃国恵那郡と加茂郡の一部を領した外様の小藩。初代藩主遠山久兵衛友政は、はじめ織田信長、後に徳川家康に仕えた。関が原の戦いで功を上げ一万五千石余の苗木藩主となる。明治四年の廃藩で、苗木県となり、その後岐阜県に属した（『藩史大事典』）。

長瀬富郎の生家と周辺風景。富郎が生まれた美濃国恵那郡福岡村は、現在の岐阜県中津川市福岡のこと。父・栄蔵は、ここで百姓代を務めていた。

地字柏原に、農業と酒造業を営む長瀬栄蔵の次男として生まれました。幼名を、富二郎といいました。偶然にも、小林富次郎と同名異字です。おそらく、「富」の名付けは、商売を営む家で生を受けた者に、共通したものであったのでしょう。

父の栄蔵は、七代目の栄蔵で、幕末から、公的には百姓代を務めていました。百姓代というのは、庄屋、組頭とともに村方三役の一つです。庄屋と組頭が領主の統治機構の末端に位置づけられたのに対して、百姓代は、村民の代表として統治機構の監視役も担う立場にありました。

一家の屋号は壽々田屋といいました。その創業は、元文五（一七四〇）年とされていますが、詳しいことはわかっていません。その初代の長瀬惣助から四代目までは、農業中心であったようですが、五代目の栄蔵の時代、すなわち文化末年から天保末年（一八一〇年代後期から一八四〇年代前半）にいたる時代には、苗*

木藩の藩営山林事業の支配方元締の一人として、材木に関係しました。

このことが契機となって、豪商の出資を得て材木商を手広く営むようになります。そのかたわら、分家した弟名義の酒造株も壽々田屋に移して、多角化します。六代目の慶次郎の時代には、さらに発展し、柏原新田の高台に、酒蔵、味噌蔵、米蔵、籾蔵《もみぐら》、道具蔵（二つ）、宝蔵と七つの蔵を並べたほどであったようです。その商いは、先代の藩の材木の支配方元締のほかに、藩御元方御用達*という財政方の役割も担うほど、信用を得ていました。

その六代の次の代が、七代喜重郎です。父が明治元年に亡くなった後、七代喜重郎は、祖父の栄蔵の名を襲名して七代栄蔵を名乗ります。この七代栄蔵は、天保五（一八三四）年に生まれ、安政六（一八五九）年に家督を相続し、加茂郡五加村の伊藤為平の長女・いとを娶り、万延元（一八六〇）年に長男の房太郎（後に宮太郎と改名）をもうけます。しかし、産後まもなく、いとは病没し、加茂郡神土村《かんどむら》の服田佐七の長女・やつを後妻に迎えました。富二郎、つまり後の花王の創業者・長瀬富郎は、このやつの生んだ子です。したがって、長男の宮太郎とは、異母兄弟という関係になります。

富二郎の母・やつと宮太郎は、義理の親子でしたが、実の母子以上の仲で、また、やつは、根のしっかりした、そしてさっぱりとした、にぎやかな人柄であったようです。父親の栄蔵は、気品があって、几帳面な性格であったといわれています。こうしたパー

御用達

認可を得て宮中や藩などに商品や物品を納めること。明治以降は、官公省庁などに出入りするものにいう。厳しい審査を経て御用達となることは、一流の店舗として、店の信用にもつながった（『日本国語大辞典』他）。

寺子屋

江戸時代、僧侶や神官、医者、武士らが子供たちにいわゆる「読み書きそろばん」を教えた教育機関。寺子屋で多くの子供たちが学んだため、明治初期の日本人の識字率は世界的にも高かったといわれている（『角川新版日本史辞典』他）。

江戸時代の寺子屋風景。僧や武士が、子供たちに読み書きやそろばんなどを教えた（『日本風俗史』平出鏗二郎、藤岡作太郎　明治 28 年　東陽堂）。

ソナリティの両親や兄のもとで、富郎は人格形成の基礎を培います。家父長的な商家のしきたりに則って、壽々田屋も長幼の序は厳しく、兄には絶対服従という兄弟のあり方も、家庭のなかでしっかりと根付いてゆきました。

一里半の通学路

長瀬富郎の場合、少年時代に家庭の外で受けた教育は、寺子屋*での学習でした。明治二（一八六九）年、富郎が五歳のときから二年間、地元の柏原の寺子屋で学びます。しかし、山奥の人里ですので、寺子屋の教師は、五日間くらいのインターバルで巡回するもち回り方式の寺子屋ということで、生徒は、それぞれ小さな文机と本を背負いながら教師の滞在する家に集まって学習する、ということだったようです。

ちょうど学制の発布された明治五年に、福岡村の戸

荒物
ざるやほうきなど、おもに台所などで使う家庭用雑貨品のこと（『日本国語大辞典』）。

尾州
尾張の国の別称。現在の愛知県西部（『日本地名大百科』他）。

紺屋
こんや、こうや。染物屋のこと。元は藍染屋のことをさしたが、次第に染物屋一般を示すようになった（『日本国語大辞典』）。

長百姓
乙名（おとな）百姓とも。江戸時代の村役人ないし上層百姓の呼称。また、村落の代表者の意味で用いられることもあった（『岩波日本史辞典』）。

長役場の泰雲寺が、小学校として開校されることになりました。そこに、旧苗木藩士の人が教師となって赴任し、富郎は兄宮太郎とともに、一里半の山道を通って通学しました。

この頃の長瀬富郎の気質がうかがえるエピソードとして、隣村のある家へ富郎を養子に出す話がまとまりかけていたとき、富郎こと富二郎少年の「嫌だ」という一言で、ご破算になったことや、長兄の宮太郎には何事にも従ったが、納得できないことには絶対に応じなかったことなどが伝えられています。比較的早くから、自我の確立をみていた、といってよいかもしれません。

二、母の実家での奉公の日々

初めての奉公

富郎は、明治七（一八七四）年、十一歳のとき、母の実家で、加茂郡神土村の若松屋に奉公にあがりました。その当時は、塩や荒物*を商う店でした。

若松屋の初代服田嘉兵衛は、元禄四（一六九一）年の生まれで、尾州*の武士で江戸に勤めていた頃に神土村に帰農して、若松屋を創業しました。四代岩次郎のときに紺屋*を

富郎が入店した若松屋。富郎にとっては大叔母にあたるらくが切り盛りする西店は、叔父の儀三郎が采配をふるい、業績も上がっているところだった。

始め、一八三〇～四〇年代の天保年間の五代佐七のときに製糸業を始めました。この佐七は、富郎の曾祖父の五代栄蔵が没した天保十三（一八四二）年、二十八歳のときに、苗木藩御用達を務め、一代苗字帯刀を許されるほどになりました。その翌年には、*長百姓（年寄）も拝命します。この五代佐七の長女やつが、文久二（一八六二）年に七代栄蔵に嫁いで、富郎を生むのです。富郎の下には、志津（長女）、慶七（三男）、かね（次女）、祐三郎（四男）、常一（五男）が生まれます。このうち、祐三郎と常一は、富郎の後の事業の大きな支えになってゆくことになります。

　さて、やつの兄弟には、長男彦七のほか、喜兵衛、儀三郎、正郎、鈴吉という四人の弟がいました。明治二年、彦七は苗木藩の生産理事に民間から抜擢されますが、事実上は次男の喜兵衛が出仕して、改革の任を果たします。この年、若松屋では、紺屋と製糸業の他に塩の扱いを始めました。この地域では、最初の塩問屋でもあり、取引の範囲は飛騨や高山まで広がりました。明治五年、佐七は、街道に沿う場所に店を出して、出戻りの妹のらく（長瀬富郎にとっては大叔母にあたる）に、雑貨の商いをさせました。

一方、苗木藩生産会社が閉鎖され神土村に帰っていた喜兵衛は、壽々田屋から七代栄蔵の妹まつを娶り、明治七年、らくが切り盛りする店の東隣に新しい店を出し、荒物を

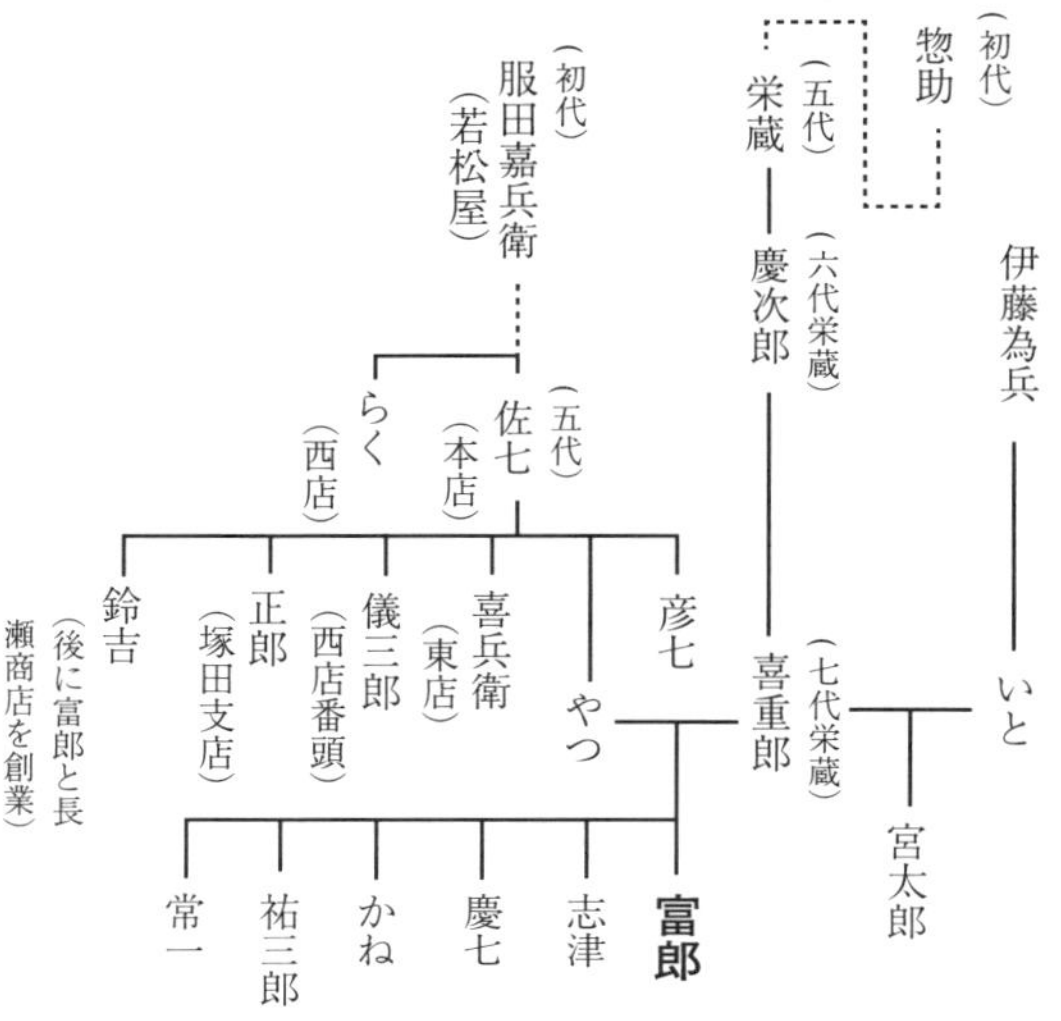

営んだほか、佐七から塩問屋もこの店に委譲されました。この喜兵衛が営む会社は東店と呼ばれ、らくが営む店が西店と呼ばれました。明治七年七月十日、長瀬富郎は、この西店のほうに奉公人として迎えられたのです。

ちょうど富郎が、入店した頃の西店は、富郎の叔父にあたる儀三郎が番頭として采配をふるって業績が上向いて人手不足を感じているときでした。富郎は、祖父の佐七、大叔母のらくたちの温かくも厳しい指導のもとで、小僧の仕事から学んでいきました。

明治九年には、嘉兵衛の東店が本家から正式に分家し、三年後の十二年には、らくと儀三郎の西店も分家

して独立しました。この頃になりますと、富郎は十六歳に成長し、入店以来の熱心な働きぶりで、番頭に昇進しています。この頃の富郎自身の記録では、加子母《かしも》を経て下呂、上呂方面のほか、黒瀬（八百津）を経て笠松から名古屋方面まで、注文取りや代金の回収にまわっていることがわかります。また、西店の注文のほか、東店の注文の扱いも委ねられていました。いかに、若松屋の三店（本店、西店、東店）から、富郎が信用を得ていたかがわかります。

出奔から副支配人へ

若松屋三店とも、飛騨路で東京から離れたところにあったため、維新から西洋化への波濤とは、やや隔絶された状況にありましたが、そうした若松屋のなかで、佐七の四男すなわち富郎の母やつの弟で、富郎にとって叔父にあたる正郎だけは、進取の気概に富んでいました。医者を志し、薬局の手代を経て、熱田の鷲津塾で医学を学びます。横浜や東京に出るうちに、医者をやめて実業を志し、熱田田中町の塩を扱う大問屋・塩仁こと塩屋仁右衛門を継いで、伊東氏を名乗ることになりました。

青年期の多感な富郎にもっとも大きな影響を与えたのが、この正郎であったのです。鷲津塾で学んだ外国語の読み方を教えたり、石鹸や*蠟燐寸《マッチ》などを仕入れて富郎のいた西

蠟燐寸（ロウマッチ）
現在一般に見られる安全マッチ以前につくられていた摩擦マッチで、靴底などざらざらしたところにこするだけで発火する。自然発火の恐れから二十世紀初めに全世界で製造中止とされた。現在製造されているロウマッチは、黄燐や赤燐ではなく硫化燐を使用して、安全性を高めている（『世界大百科事典』他）。

現在の下呂の町並み。下呂温泉は、草津温泉・有馬温泉と並ぶ「日本三名泉」として知られ、多くのホテルや旅館が建ち並ぶ観光の町として賑わっている。

店に扱わせたのも、この正郎でした。正郎の進取の気概や行動の影響と思われますが、富郎は明治十四（一八八一）年九月十八日、若松屋西店を出奔します。名古屋や東京の新しい文物への憧憬がなさしめた行動でしょう。しかし、ある宿屋に干してあった富郎の白足袋から、まさに足がついて、だましだまし実家の壽々田屋に連れ戻されます。前の年から、暇をもらって上京したいとの願いを父に伝えていましたが、それがかなえられないための断行でした。結局、二カ月ほど、壽々田屋に滞在した後、再び西店に勤めることになったのです。

一方、正郎こと伊東正郎は、明治十四年末頃からの不況もあって塩仁が倒産し、蛎殻町の相場取引で再起を企てますがこれも失敗し、実家の若松屋に身を寄せることになりました。若松屋も、不況のなかで共同出資会社の大欠損など大きな困難に直面していたのですが、正郎を迎え入れ、その前途のために、下呂に第三

下呂に残る若松屋。現在も「若松屋」として膏薬などを販売している。内部には、後に花王の特約店になったことを示す古い「花王石鹸」の看板が残っている。

の分店を開きます。明治十六年十二月のことでした。

この正郎に対する家族や兄弟の思い遣りは、富郎にとっても、大いに感ずるところがあり、さらに富郎自身に自省を促すきっかけともなったようです。旧苗木藩士で神土小学校校長を務める先生のもとで、富郎は夜学に通い始め、最後まで屈することなく課程を終えました。歴史や古典の一般書のほかに、『会社弁講釈』*などの、今でいうビジネス書も購入し学んでいたようです。

ところで、西店に入った富郎は、正郎の再起のために新設された下呂の塚田支店の副支配人を命ぜられることになりました。正郎の補佐役ということになります。無断の出奔にもかかわらず、若松屋の富郎に寄せる信頼が、依然として大きかったことがうかがわれます。ちなみに、西店時代の富郎を知る人は、「この人と思ったら裸になっても尽くす。嫌といったら大嫌い」という、実直な行動派青年を思わせるイメージを語っています。

塚田店開店の翌明治十七年に記された『若松屋永代記録』に、支配人の正郎は、「信実」・「正直」・「勤倹」という家訓を記したほか、「堪忍」を加えて自戒の念を表しています。自戒しつつ、正郎は、内なる思いを富郎への期待へと転じていったようです。この年、富郎の弟の祐三郎も柏原の壽々田屋を出て、この塚田支店に入店しました。富郎が若松屋に入店したのと同じ十一歳のときのことです。

富郎は、副支配人として、さまざまな商いの方法を学び経験を積みました。塚田支店時代に、実家の兄宮太郎に送った手紙のなかには、壽々田屋の酒や米の売却にあたって、米相場や銀相場*に対する情報が伝えられています。相場情報についてもかなりの蓄積があったことがうかがわれます。これも、おそらく相場での失敗を経験した正郎からの情報によるところが大きいと思われますが、富郎自身もそうした方面への関心を次第に高めてゆきます。

このように、富郎は、生家の壽々田屋の商いの風を生い立ちのなかで感じとり、そして母方の若松屋での奉公を通じて、実際の商いの法を身につけ、新しい商機を見出すべく出奔まで企てました。その性急な行動は、失敗して連れ戻されますが、周囲の厚意によって、新しい店の副支配人を拝命します。こうした経験を通じて、富郎は、家族の紐帯の大切さ、商売上の判断力そして経営者としてのあり方を学んだのです。

会社弁講釈
「会社弁」は、福地源一郎が西洋の書から株式会社や銀行について訳した啓蒙書。「会社弁講釈」は加藤祐一著、松川半山画によって、「会社弁」をよりわかりやすくしたもので、交易通商の必要性、分業の利点など、「会社」について解説している(大阪府立中之島図書館ホームページ他)。

米相場や銀相場
江戸時代の相場としては、金相場、銀相場、銭相場、米相場、油相場、繰綿相場などがあった。なかでも大阪堂島の米会所で建てられた米相場は、江戸時代のもっとも代表的な相場といわれ、明治以降も堂島米会所、堂島米穀取引所の名称のもとに引き継がれた(『国史大辞典』他)。

第二章　長瀬商店の開業

副支配人としての実践を通じて多くを学んだ富郎は、いよいよ独立を考えて上京することになります。そして、失敗を経ながら、周囲の支援に支えられて、再起をはかり、ついには独立の店を構えることになります。ここでは、そうした富郎の独立への歩みをみてみることにしましょう。

一、最初の独立と挫折

退店、そして上京

明治十八（一八八五）年の四月、富郎の祖父である服田佐七が他界します。同年六月の店の調べを済ませた後、富郎は弟の祐三郎がまだ十二歳ということもあって、壽々田屋の分家の椎《しで》ノ木の長瀬清二郎（後の花王石鹸株式会社社長伊藤英三の父）をみずからの後任として呼び寄せます。そして「独立して商法の基を立てる」（『初代長瀬富郎伝』三四頁）ため、富郎は、同年七月十日をもって、塚田支店を退店しました。

「商法の基を立てる」ために、富郎が構想したのは、上京して米相場で必要な資本を蓄積し、そのうえで他の事業に進出するということでした。これは、みずからの失敗に基づく教訓を教え込む正郎の影響もあったようです。また、商品の流通や販売についての知識は、それまでの経験でひと通り学んでいたという自負もありました。四年前の無断の出奔のときとは異なり、服田屋と若松屋両家の許しを得て、むしろ期待されながら、希望に胸をふくらませて上京することになったのです。

米相場での失敗

明治十八（一八八五）年七月十九日、郷里を発った長瀬富郎は、名古屋の品野屋嘉助宅に逗留します。この品野は、名古屋の商人で、神土方面にも注文を取りにきており、西店に宿泊することも多く、富郎の商才を見込んでいた人です。また、若松屋三店とも取引のあった高木甚兵衛にも会い、東京での下宿先の相談をしたようです。

富郎は、七月末から八月十五日まで四日市に、その後九月十四日まで津市に滞在して、米の売買を経験しますが、「平均すれば多分の損益なし」（『初代長瀬富郎伝』四〇頁）と記していますので、大過なかったと思われます。

三菱と反三菱の運賃競争

明治初期から日本の海運をほぼ独占してきた三菱に対して、その独占を阻止するために品川弥二郎の主導により共同運輸が設立された。共同運輸は明治十六年から営業を開始し、三菱との間で二年九カ月にわたり泥沼のダンピング合戦を繰り広げた（『明治時代館』他）。

日本橋蛎殻町

江戸時代、大名や旗本の屋敷が建ち並んでいたが、明治維新で町場化。金融の中心・日本橋兜町に近接したため、株取引や商品先物取引の中心地として活況を呈した（中央区ホームページ）。

現在の蛎殻町の町並み。関東大震災に続き、東京大空襲で大きな被害を受けたこの地域は、再開発でビルが林立し昔の面影はまったくない。

その後、富郎は、九月十四日に津市を発って、四日市港から蒸気船に乗って、翌日横浜港に着き、その後列車で上京して馬喰町の商人宿に到着しました。ちなみに、富郎は当初、名古屋から陸路東海道を下ることも考えていたようですが、この年は、ちょうど、三*菱と反三菱の共同運輸の運賃競争が激しくなったときで、船便のほうが安かったので、海路を選んだようです。なお、結局、富郎が上京を果たした九月のうちに、両社が合併して日本郵船が設立されます。

さて富郎は、九月十六日には、神田淡路町の高木甚兵衛の東京店に入りますが、十月にはそこを引き払い、東日本の米商売の中心地・*蛎殻《かきがら》町に移ります。正郎叔父の成し遂げ得なかったことを果たそう、という気持ちもあったのかもしれません。

富郎は、いよいよ米の相場取引を始めます。少額の資本で取引を始めた富郎は、当初は、いくばくかの利益を得ました。しかし、もとより浮き沈みの激しい相場取引です。その後、見込み違いの売買で失敗し、結局、無一文の状況に追い込まれました。「独立して商法の基を立てる」という富郎の青雲の志は、結局、画餅に帰することになりました。おまけに病も重なり、郷里の若松屋下呂店や兄の宮太郎、そして若松屋の服田喜兵衛に救援を求める手紙をしたためることになりました。

催促から約一カ月の後、ようやく喜兵衛や宮太郎から送金がありました。一カ月間、音沙汰がなかったことになりますが、そうしたなかでも、富郎は、冷静沈着に自己をみつめています。そして、裸一貫から再起を期して出直す決意を固めるのです。

伊能商店の番頭として

投機に失敗した翌年の明治十九（一八八六）年の一月、富郎は田町の旅館での数日の仮雇いを経て、日本橋馬喰町の洋小間物商・伊能喜一郎商店に入店します。かの*伊能忠敬《ただたか》の一族といわれる主人の店です。入店にあたって富郎は、馬喰町内の口利きといわれた仲屋の主人、秋田太吉の世話になりました。秋田は男伊達のある人物で、両替商から転じて、みずから米相場にも手を出していました。蛎殻町時代の富郎の気っ風に、みずからを投影してみたのでしょうか、かねてより注目していたようです。

ところで、洋小間物商というのは、鉛筆、インキ、消しゴムといった西洋文具のほか、

伊能忠敬
延享二（一七四五）〜文化十五（一八一八）年。下総・佐原で養家の酒造業を再興。隠居後、五十歳にして勉強をはじめ、十七年をかけて全国を測量。「大日本沿海輿地全図」（伊能図）を作成。ただし本人は完成をみる前の地図作成中に死去した（『日本近現代人名辞典』）。

成島柳北
天保八（一八三七）〜明治十七（一八八四）年。『徳川実記』の訂正を総裁。幕末には騎兵奉行、外国奉行などを歴任したが、明治政府の招請には応じなかった。ヨーロッパ歴訪ののち、「朝野新聞」を主宰。明治初期のジャーナリストとして言論界で活躍した（『日本近現代人名辞典』他）。

悉皆（しっかい）
全部、すべて、みな、一切の意（『日本国語大辞典』）。

石鹸や石鹸入れ、歯磨き粉、香水などの日用化粧品など、当時としては新しい輸入商品を広範に扱う商店です。そもそも、横浜などの居留地で外国人を顧客としていたものが、日本橋の問屋街に移ってきたのです。新時代の香りを代表する商品に対する需要が見込まれ、商業の中心地から全国への浸透をはかるためでした。なお、東京の洋小間物問屋の始祖は、成島柳北*の島屋とされています。

富郎は、郷里の若松屋時代と同様に、伊能商店でも仕事ぶりを認められて、厚く遇せられます。主人の伊能喜一郎は、人材に恵まれていなかったこともあって、起死回生をはからんとする富郎の意気込みに目がとまったようです。この当時、郷里に宛てた手紙では、「自分もだんだんに用ひられ、今では弊店の鍵預り同様にて帳場悉皆*引受、万事我一人にて取計ひ候事故」（『初代長瀬富郎伝』五二頁）云々と伝えています。

伊能商店の番頭として、富郎は馬喰町の商店街にその名を知られる存在となったのです。また郷里の人々

橋本玉蘭斎『横浜開港見聞誌』より。開港直後の横浜の様子を伝えている。石鹸で子供の身体を洗う様子も、まだ珍しかったのだろう。

も、更生を遂げた富郎を信頼するようになり、母・やつの弟で富郎の叔父にあたる服田鈴吉が、上京して富郎を訪ねたほか、親類の寄る辺として頼られ、数人の相談も受けました。しかしながら、富郎は、独立の志やみがたく、一年半で店をやめて、いったん帰郷することになります。ちなみにこの頃から、書簡には富二郎に代わって富郎と署名するようになっています。

二、長瀬商店の開業

郷里で三カ月間の準備を整えて、再び上京した富郎は、明治二十（一八八七）年六月十九日、馬喰町二丁目の通称板新道《いたしんみち》に、洋小間物商・長瀬商店を開業しました。創業時は、富郎と若松屋の服田鈴吉との共同経営で、それぞれ二五〇円を出資し合計五〇〇円の資本でした。

富郎は、みずから組織した無尽*から資金を捻出しました。伊能商店時代に培った実績と信用を基礎に、町内の顔役の秋田老人の力添えを得て、パートナーとともに独立を実現させたのです。富郎二十三歳のときでした。この洋小間物商・長瀬商店こそ、現在の花王株式会社の前身なのです。

服田鈴吉は、富郎の叔父とはいえ、わずか二歳年長なだけで、ともに兄弟のように育

無尽（むじん） 無尽講の略。講の成員となったものが一定の掛け金をもちより、定期的に抽籤や入札を行って、順に各回の掛け金の給付を受ける庶民金融の組織。江戸時代に盛んに行われたが、明治以降も近代的な金融機関を利用し得ない庶民の間に行われた（『日本国語大辞典』）。

服田鈴吉との協力関係を示す×印を入れたと思われる長瀬留型石鹸の金型。実質的に鈴吉との協力関係は早々に解消されてしまうが、この印は引き続き使用されていた。

った仲でした。暖簾には、黒字に左右に平仮名と漢字で長瀬と記され、その間に二人の共同経営と協力関係を象徴する×の印が染め抜かれていました。しかしながら、全国の商業中心地で経験を積み信用も厚くしていた富郎と比べると、鈴吉の商業活動の経験は奥美濃の地方に限られたものでした。このため鈴吉は、開店間もない頃から富郎との間に距離を感じ始めていたのです。開業から約二十日ほど経ったとき、鈴吉は決意を翻して帰郷することになりました。これにより長瀬洋物店は、開店直後から富郎の単独経営となったのです。しかしながら、×印は、単独経営となってからも、後に月のマークが考案されるまで、引き続き使用されています。

なお、かつての奉公先の伊能商店には、秋田老人が介添えとなって独立開業の承認を求めました。しかし、承認は得られませんでした。このため義絶のかたちを取らざるを得なかったのです。

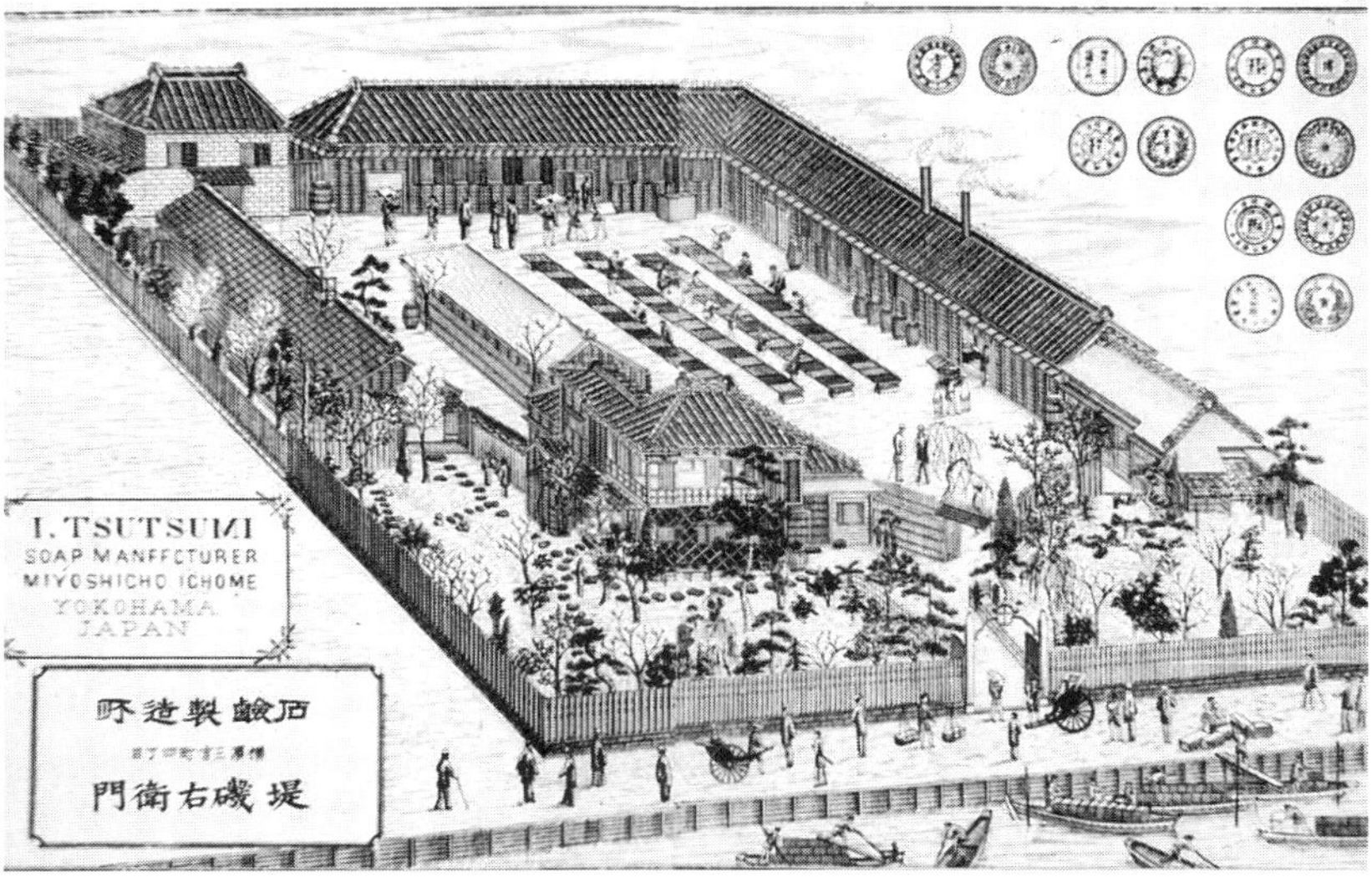

横浜三吉町の堤石鹸製造所の様子。明治初期になって、この堤石鹸をはじめ民間でも石鹸の製造が始まり、独立した富郎は、そうした民間業者の一つ、鳴春舎が製造する石鹸を販売した。

ところで、初期の長瀬商店は、石鹸や石鹸入れ、西洋文房具などの卸売りと小売りを兼ねていました。当時扱っていた石鹸は、アメリカ・コルゲート社の蜂印（ハニー）石鹸が主であり、国産石鹸は鳴春舎の製品を仕入れて販売していました。この鳴春舎は、すでに述べたように、ライオンの創業者小林富次郎が一時経営に携わった会社です。

当時の国産石鹸は、椰子油を焚き放しにした速成石鹸、いわゆる焚き石鹸が横行しており、洗顔に使用すると皮膚を傷める代物が多かったのです。鳴春舎ですら、明治十年代頃までは、そのたぐいの石鹸の製造に手を染めていました。しかし、優良な国産の枠練《わくねり》*塩析石鹸、いわゆる分析石鹸を求める声が次第に大きくなり、堀江小十郎はこうした動きに応じて悪弊を矯《た》めるために、「斯界の統一改良を画す」として奮起した一人であったのです。

まだまだ舶来石鹸と国産石鹸とでは、大きな隔絶がありましたが、富郎は取り扱う国産石鹸も舶来品と比べて遜色のないものに限定していたようです。この思いが花王石鹸の創製に結実してゆくことになるのです。

なお、開店直後、富郎は馬喰町の升屋旅館を営む関根三右衛門の三女・なかと結婚しています。これも、秋田老人の助言と紹介で、妻帯することは、すでに独立後の方針として決められていたことであったようです。

枠練塩析石鹸
塩析は、原料に塩水を加えて不純物を取り除く石鹸製造の工程。枠練は、塩析などの加工工程を経た素地石鹸を枠に入れて乾燥させる工程。速成石鹸と違って、手間はかかるが純度の高い良質な石鹸をつくることができる。なお、機械練が「角砂糖」にたとえられるのに対し、枠練は固い「氷砂糖」にたとえられ、現在でも浴用として愛好されている（『世界大百科事典』他）。

第三章　富郎の信条と表通りへの進出

パートナーシップ経営から個人経営に移行して、独立自営の道を歩み始めた長瀬富郎には、その後、周囲の支援者の助力もあって、共同出資による経営規模の拡大の構想が生まれます。しかし富郎は、独立自営の志を曲げることなく、構想を断念することになります。そしてその後、若干の資金援助を得て、表通りに店舗を移すことになります。ここでは、その移転までの間の初期の経営状況と、富郎の経営の信条についてみてみることにしましょう。

一、堅実な経営と着実な実績

三人からの新たなる出発

明治二十（一八八七）年七月二十五日、なかとの祝言をすませ、夫婦での新たな経営がスタートします。八月には郷里恵那郡出身の二十一歳の店員を雇い入れます。この三名で、創業期の洋物問屋・長瀬商店が運営されました。

その舵取りをする富郎にとっての課題は、服田鈴吉を欠いて資本金が半額になったことでした。そこで、兄の宮太郎に預けてあった非常時の予備金を送金してもらいます。翌明治二十一年一月末の第一回の決算では、上京時の二五〇円と富郎自身の予備金の送金一〇〇円を合わせた三五〇円の資本金となっています。創業からこの一月までの八カ月間の総売上高は三四五二円六六銭三厘、純益金は五二円六〇銭を計上し、創業年としては、上々の業績でありました。

注目したいのは、

念の為め弊店の店法として損益店調の節は、品代貸金高に七掛を法とする。尤《もっと》も只今の處にては貸金にて一文も不勘定になると云見込の貸は更に無之候得共、是は店法として置くものなり。又三箇年前の分、不勘定の節を假りにとれぬ者とみなし勘定の内へ組み込まぬ事とす、是も店法なり。(『初代長瀬富郎伝』七一頁)

としている箇所です。

すなわち、現時点で不良債権はないけれども、債権については回収できぬものを見込んで七掛けとし、三年目の債権は回収できぬものと見なすべき、ということです。富郎のこれまでの経験に裏打ちされた、堅実な決算法といえましょう。

いずれにしても、この時期の長瀬商店は、富郎個人の出資によってのみ運営されていたことになります。同年二月には、十一歳の少年も小僧として雇い入れられ、富郎夫妻と二名の雇い人、計四名となります。

パートナーシップ経営の提案

郷里の宮太郎は、毎月富郎から報告される決算内容が着実に伸びていることに満足したのでしょう、明治二十一（一八八八）年四月に上京して、富郎夫妻に相談役の秋田太吉老人を交えて懇談のときをもちます。そして、そうした席上から、「商業組合」という新たなパートナーシップ経営の話がもち上がります。それは、秋田太吉と富郎の兄の宮太郎、それにいったん服田鈴吉の服田家の出資を加えて、洋物店長瀬商会を、個人商店より規模の大きな合資会社*のような企業形態にしようという話題でした。

郷里に戻った宮太郎は、みずから五〇〇円の出資を申し出ると同時に、引き続き文書で、富郎と実現に向けた協議をしています。今や、郷里の長瀬家と服田家、そして東京の恩人である秋田太吉がこぞって富郎に協力し、業容の拡大を実現しようと富郎を支援する体制が整ってきたのでした。この構想の実現とともに表通りに進出すれば、馬喰町

合資会社
債務が生じた場合、財産の一定額のみ責任をもつ有限責任社員と、全財産を支払う責任をもつ無限責任社員で構成する会社のこと。経済的には、無限責任社員たる企業者の事業に、資本家が有限責任社員として資本を提供して利益の分配にあずかる共同企業形態である（『世界大百科事典』）。

馬喰町１丁目の現在の様子。馬喰町は江戸時代から商人宿と問屋が集まるところとして知られていた。明治以降、宿は失われたが衣料品など多くの問屋が現在も軒を連ねている。

のなかで、一段と格を上げることにもなります。

しかし、富郎としては、かつての服田鈴吉との共同経営の失敗の経験もあり、それゆえ自主独立の意志を固めて、妻と数名の従業員とともに歩み始めたばかりのことでした。思案の末、富郎は、小規模ながら独立自営の道を貫く意思を、あらためて協力者に伝えたのでした。

長男誕生と表通りへの進出

明治二十一（一八八八）年六月、不調におわった伊能商店と長瀬富郎との和解が成立しました。伊能商店が、富郎退店の後、業績が悪化し、その整理を秋田太吉が担ったことがきっかけとなりました。他方、同年六月十日には、待望の長男が誕生し、富之助と命名されました。富郎にとっては、独立した商店の「初代」を実感することになったでしょう。

二十二年五月十七日、富郎は馬喰町一丁目の表通りに店舗を移しました。複数の協力者の共同出資による経営規模の拡大ということではありませんでしたが、兄宮太郎からの五〇円の借入をはじめ、数名の支援者からの借入によって資金を工面し、団扇《うちわ》問屋をしていた松谷せい所有の店を買い取っての移転でした。買入には、買入代金六七〇円ほかリフォームなどの諸費用を合わせて七八一円一六銭四厘を要したと記録されています。

表通りに出て、格と信用を高めたこともあったと思われますが、明治二十三年一月末の第三回決算では、前年二月からの総売上高は一万七九〇六円二〇銭二厘となっています。二十年六月から翌年六月までの創業十三カ月間の売上が七〇〇七円二〇銭二厘であったとのことですので、これと比べて順調に伸びていることがわかります。そして、この第三回決算のときから、資本主体の「奥」と経営主体の「店《たな》」の概念を帳簿の上で分離させています。これは、いわゆる近代株式会社経営における所有と経営の分離ということではなく、「家政」と「経営」を分けたということです。ただし実質上、長瀬富郎という経営者が資本主体と同一で不分離であったことには変わりありませんでした。

二、村田亀太郎との交流

さて、表通りに出る直前の店員は三名となり、女中一名と家族三名で七名となってい

京都舎密《せいみ》局本館。日本最初の石鹸の工業生産はここでなされたとされる。村田亀太郎は、ほぼ同時期の民間の石鹸製造元「鳴春舎」で腕を磨いた。「せいみ」はオランダ語の「Chemie」（化学）より。

ましたが、表通りに移ってから後に述べる花王石鹸発売前後まで、さらに二名の店員が増えます。

こうして商店の経営も、規模の拡大に応じて、人員も少しずつ充実させていったのです。その一方で、長瀬富郎には、花王石鹸の創製に関わる重要な協力者もいたのでした。それは、先に小林富次郎との関係でも述べた村田亀太郎です。富郎にとっては、伊能商店時代からの知り合いでした。

表通り進出から七カ月後の明治二十三（一八九〇）年二月、鳴春舎の石鹸職人・村田亀太郎が独立して、新宿旭町に土間ひとつ釜ひとつの小さな石鹸工場を設けました。すでに述べましたが、村田亀太郎は、元治元（一八六四）年に越前で生まれ、明治十五年に上京して鳴春舎に雇われて石鹸焚きの職人としての修行を積み、分析石鹸の釜加減では右に出る者はないといわれるまでになっていました。

先に紹介した堤石鹸の石鹸職人の村田文助と同姓で

したが、親戚の関係にはありません。ただし、堤石鹸に始まる文助の良質の分析石鹸の職人技能が、亀太郎に継承されたことは間違いないでしょう。富郎より三歳下で、互いに気が合ったといいます。後に、村田亀太郎は、伊能商店時代の長瀬富郎について「氏が取引先に対しての慇懃《いんぎん》な態度と、他店員の態度を比較して、其頃から、心密かに敬服して居ったのでありました」(『初代長瀬富郎伝』五三頁、原典は杉村助一郎『長瀬富郎伝』)と述べています。こうした信頼を寄せる思いから、弟の藤五郎が亀太郎を頼りに上京した際も、まだ開店したばかりの小さな長瀬商店に入店させています。明治二十一年八月のことです。

第四章　花王石鹸の発売

表通りに新店舗を構えた翌年、長瀬富郎は、いよいよ自社ブランドの花王石鹸を発売します。それを世に出すまでにも、さまざまな工夫と努力があり、また協力者の支えがありました。ここでは、花王石鹸発売までの富郎の足跡をみてみましょう。

一、花王石鹸ができるまで

自社ブランド創出への思い

さて、初期の長瀬商会で扱っていた商品は、主に石鹸類でした。当時、富郎が扱っていた石鹸のうち、アメリカ製の蜂印が輸入品のなかの最低価格であり、一ダースあたりの卸価格が二十八銭でした。これに対し、国産石鹸は、一般に一ダースあたり十銭から八〜七銭で、なかには二銭というものもありました。それだけ、国産品の品質が輸入品に比べて劣っていたからでもありました。その背景には、村田の新宿工場と同規模の工

長瀬商店の専属製造所から製出された長瀬留型石鹸に刻印された金型各種。151頁で紹介した×印入りのもののほかに、多様な種類がつくられているのがわかる。

場の石鹸職人が、複数の問屋からの注文による数百の留型石鹸（納入先の注文に応じて店名やデザインを刻印した石鹸）の製造で多忙となり、粗製濫造しているという実態もありました。

こうした状況にかんがみ、長瀬富郎はかねてより輸入品に劣らぬ国産優良石鹸の製造に強い関心を抱いていました。そこで、富郎は、村田亀太郎に頼んで、村田工場の一部を長瀬商店の専属工場にしてもらいました。

当初、富郎は、糸巻型、ダルマ型、象印、香よし、など、いくつかの留型石鹸を村田工場で製造してもらい、販売していたのでした。今日風にいえば一種のOEM供給です。ここまでは、従来の問屋と小規模石鹸職人との関係と変わらなかったといえましょう。しかし、そうしたなかで、富郎はナショナル・ブランドの高級化粧石鹸の創製に意欲を燃やしていったのです。

この目的を達成するため、富郎は、まず村田の技術により素材の品質の向上をはかりました。村田は、鹸化釜の加熱と塩析に秀でた職人でしたので、その塩析技能を頼りに遊離アルカリの分析試験を重ねたところ、富郎の期待する水準にひとまず到達したのです。

しかしながら、舶来の高級ブランドの化粧石鹸にうち勝つためには、色素や香料の配合でも改善が必要でした。この点については、村田の職人的技能にゆだねることはできません。後に述べますように、薬学や医学の化学的知識が必要だったのです。

なお、明治二十二（一八八九）年十月三十一日、富郎は、長男・富之助を急性脳炎で、亡くしてしまいました。「初代」を意識させてくれた長男の生後一年五カ月での夭折は、大きな悲しみとなりました。

花王石鹸の発売

明治二十三（一八九〇）年四月、上野で第三回内国勧業博覧会が開催されました。福原衛生歯磨石鹸が好評を博した、あの博覧会です。富郎は、両親はじめ郷里の人々を、この博覧会と名所の見物を兼ねて招待しました。ほぼ四年ぶりに、両親との再会を果たした富郎でした。前年に長男を亡くしていた富郎にとって、親族との再会は、なおさら万感の思いであったことでしょう。

また、郷里の人々のなかに、母方の親戚の医師で今井節造という人がいました。かつて、その今井医師のところへ傷めた眼の治療にやってきた石工の息子で、医師を志した少年がいました。とりあえず、*馬丁《ばてい》として今井医師に雇い入れられ、読み書きなどを学んだ後、名古屋で医者としてまた漢詩人として著名になっていた*永坂石埭《せきたい》のもとで学問を続けました。その人物こそ、花王石鹸の香料や薬剤の面での協力者となる瀬戸末吉《すえきち》なのです。瀬戸は、ちょうど花王石鹸の発売される年に、内務省免許薬剤師の資格を取得します。

富郎は、下呂の若松屋時代、すなわち瀬戸の馬丁時代に知己を得ていました。その瀬戸とも七年ぶりの再会となったわけです。そればかりか、瀬戸を通じて、永坂石埭とも知り合うことになるのです。

ところで、富郎は、この内国勧業博覧会の石鹸出品物を見学したことによって、みずからの思いを駆り立てられたようです。というのは、この博覧会に出品された国産石鹸の評価が、とても酷いものであったからです。したがって、何よりも、外国製品に勝るとも劣らぬ国産有銘石鹸を発売することが急がれる、という使命感を駆り立てられたことでしょう。

しかも、この第三回内国勧業博覧会での旧知の人々との再会は、そうした富郎の思いを促すかのように、大きな助言者・協力者の存在を富郎に強く認識させることにもなっ

馬丁
馬を扱うことを仕事とする人。馬の口につけた縄をもって引く人（『日本国語大辞典』）。

永坂石埭
弘化二（一八四五）～大正十三（一九二四）年。幕末から大正にかけて、活躍した医者、書家、漢詩人。医院「王池仙館」で医業を営みつつ、石埭流と呼ばれる独特の筆法でも知られ、一時は市中の看板のほとんどが石埭流といわれるほどであったという（『日本人名大事典』他）。

明治 23 年 10 月に発売された桐箱 3 個入り 35 銭の花王石鹸と、月のマークの金型。富郎念願のナショナル・ブランドの石鹸の発売であった。

たのです。

そして、第三回内国勧業博覧会の開かれた明治二十三年七月、富郎は、商品登録を出願し、同年十月に、いよいよナショナル・ブランドの化粧石鹸、花王石鹸を発売したのです。

出願時は、香りの王と書く「香王石鹸」であり、また「華王」という案もありました。しかし、いろいろ検討した結果、花の王の花王に改められました。「華王」から「花王」への変更にあたっては、漢詩人で書家の永坂石埭の示唆もありました。石埭は、一般の読み書きの平易さの観点から助言したのでした。また、花王が牡丹とされ、石鹸の色が牡丹色であったということにも関係づけられています。

いずれにせよ、「かおう」という読みにこだわったのは、顔を洗うと皮膚を傷めることもあった当時の国産石鹸と違って、「顔洗い」すなわち顔の洗える国産の優良石鹸、という点を強調したい富郎の思いがあったの

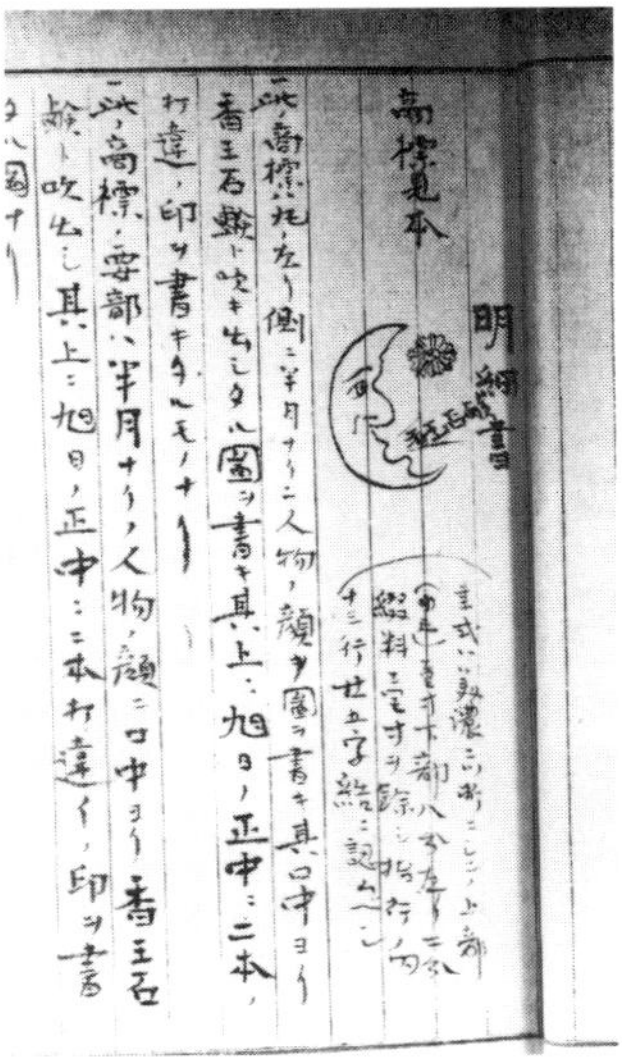

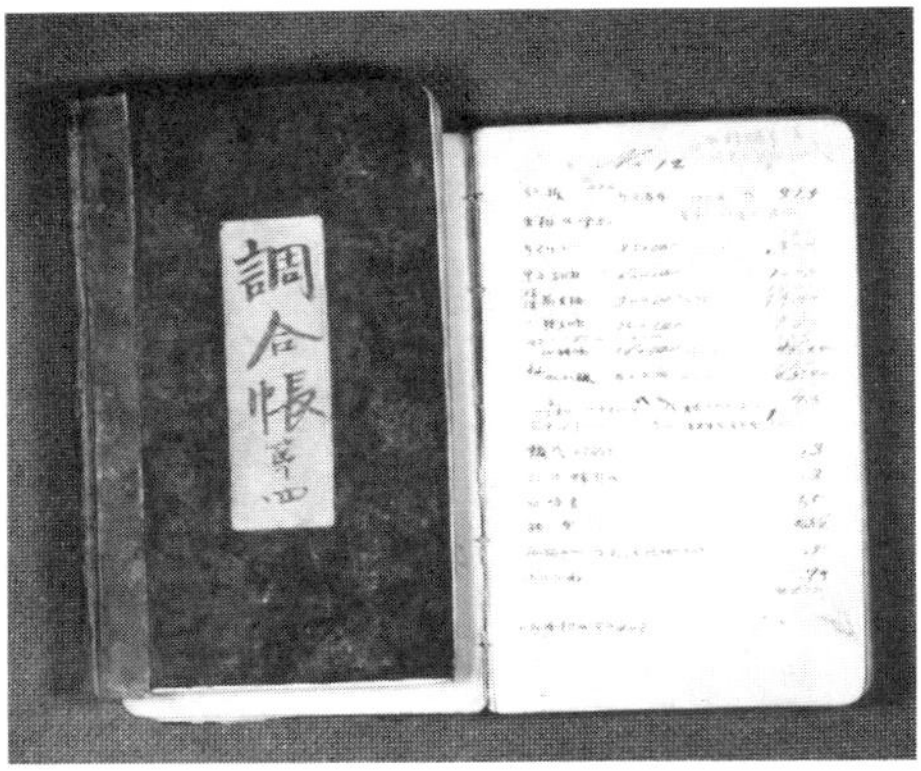

右は明治23年7月に出された商標登録出願書。当初は「香王」石鹸として出願された。左は発売当時の原料調合ノート。香料、色素の調合は富郎自身が行い、毎日村田製造所に届けられた。

です。

一方、月のマークは、たまたま輸入していた鉛筆に月星のマークがあって、それから発想したとされています。半月の顔の口から「花王石鹸」の文字を吐き出すマークも、富郎自身の図案によるものでした。

二、花王石鹸の仕様と特徴

香料と薬剤の調合は自分の手で

当時、高級石鹸は化粧品の一部であり、その化粧品に関する化学的知識は、資生堂の福原有信の福原衛生歯磨石鹸やオイデルミンの例にも示されるように、薬剤師や医学士によって提供されるものでした。したがって、そうした化学的知識とその提供者は、化粧品問屋にとって、比較的近い存在でしたし、そうした化学的知識による薬効が明記されることは、需要創出のう

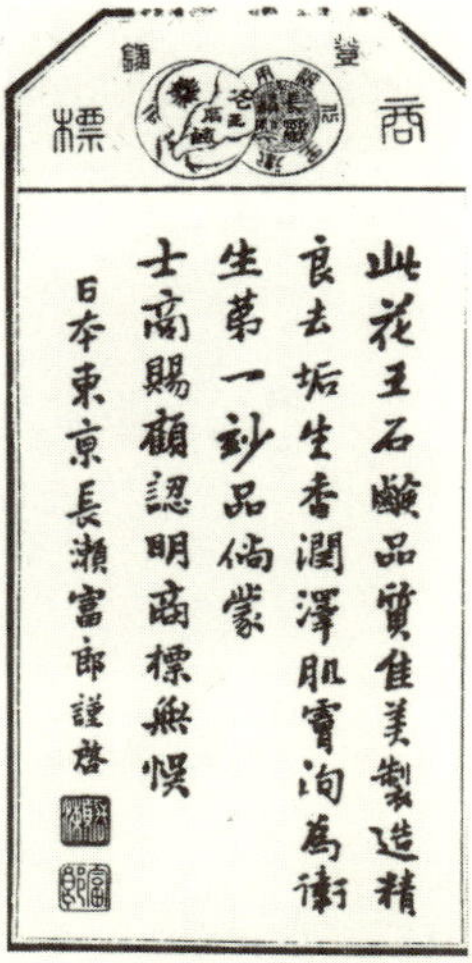

花王石鹸桐箱入り現品と添付された広告文。左上は永坂石埭筆の漢文能書。化学的研究をもとに薬効をうったえる内容で、ほかの石鹸との差別化をはかっている。

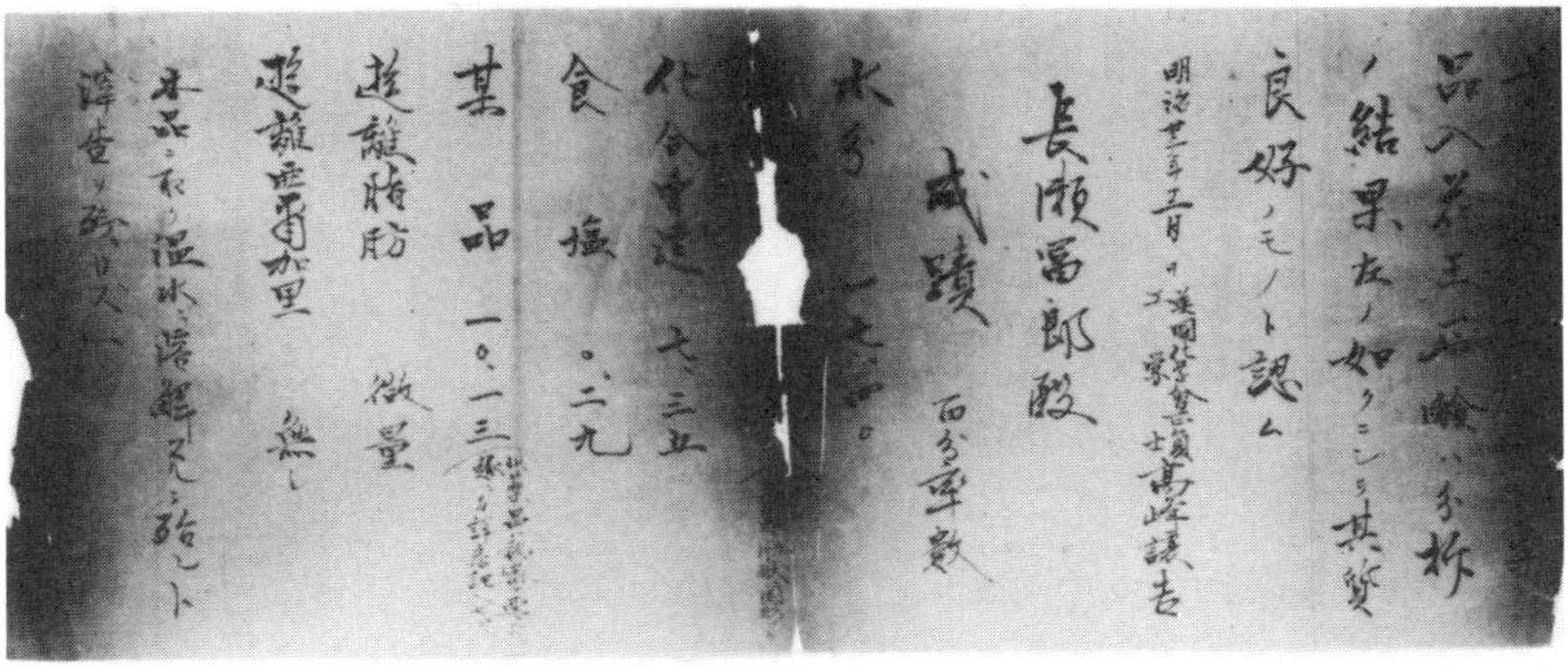

高峰譲吉博士による花王石鹸分析書。高峰譲吉は、後にタカヂアスターゼという胃腸薬で世界的に名を知られるようになる化学者。

えで大きな意味があったのです。

そこで、富郎は、薬剤師の資格を取得した瀬戸末吉の協力を得るとともに、その下で、必要な化学的知識を習得しました。富郎自身も、香料や薬剤の調合などの石鹸製造工程上の方法を研究したのでした。そして、花王石鹸発売後も、後述する請地《うけち》工場ができるまで、香料と色素の調合だけは、村田工場とは関係なく富郎自身の手によってなされ、調合済みのものが荷造りされて、毎日、長瀬本舗から村田工場へ送り届けるという方法がとられたのです。

この当時、みずから化学的知識を学習して、実地に応用するまでにいたった企業家は希有でありました。

こだわりの包装と能書き

タブレット状の石鹸は、まず蝋紙で包まれ、能書きや証明書を印刷した紙で巻き、三個ずつ桐箱に収められました。能書きには、薬効を示す文言のほか、高峰譲吉博士の分析試験の結果も添付されました。発売当時の能書きには、次のように記されています。

此花王石鹸ハ薬剤師瀬戸先生ノ発明ニシテ、近来世上販売ノ石鹸ハ千差万別アルト雖モ、衛生上効ヲ奏スルモノ少ク、甚ダシキニ至リテハ、反テ皮膚ヲ粗悪ナラシムルモノアリ、故ニ氏ハ夙ニ之ヲ慨歎シ、爰ニ幾多ノ心労ヲ盡シ幾百千ノ薬品中、化粧用ニ適スルモノヲ種々撰抜シ、其作用ヲ研究シ以テ製煉セラレタルモノニシテ、第一皮膚ノ新陳代謝ヲ昌ニシ、肌ヘ《(ママ)》ヲ白ク滑澤ナラシメ、且ツ病毒タル黴菌ヲ朴滅スルヲ以テ皮膚ノ諸傳染病ヲ予防シ、加之一種佳良ノ芳香ヲ有シ腋下及ビ其他全身ノ悪臭ヲ去ルノ偉効アリ

（『初代長瀬富郎伝』一二四〜一二五頁）

富郎が、いかに化学的研究を重視し、いかにそれを基礎とする薬効をうったえ、いかに*従来品との差別化をはかっているかが読みとれます。

また、桐箱には、永坂石埭が「花王石鹸」と書下した貼り紙一枚に、月のマークの入った封印を兼ねた横貼り紙一枚が貼られていました。このような凝った包装は、白粉《おしろい》や高級歯磨き用の包装を模したもので、国産の石鹸としては初めてのことでした。

従来品との差別化
発売当初の石鹸はねずみ色だったが、その年の十二月以降、銀朱（オレンジ・バーミリオン）となる。この色は、後に「花王色」と呼ばれて長く親しまれることとなった。着色材料は非常に高価だったが、富郎の差別化への意気込みが伝わってくる（『花王史100年』）。

高価格の設定と宮内省御買上

こうして発売された花王石鹸の価格は、桐箱入り三個三五銭、一個一二銭、という高い価格に設定されました。前にも述べましたように、輸入石鹸の蜂印で一ダース二八銭、国産品で一ダース約一〇銭程度でしたし、花王石鹸とほぼ同じ時期に発売されたさくら石鹸（芝巴町の鈴木安五郎製造・発売）や三能石鹸（銀座の佐々木玄兵衛商店発売）が一個一〇銭でしたから、いずれよりも高い価格であったということになります。かけそば一杯一銭、米五キログラムで二三銭という時代にあっては日用の必需品というよりは、高価な高級化粧品というイメージで受け止められたことでしょう。

いずれにせよ、花王石鹸発売の明治二十三（一八九〇）年は、堤石鹸の新華石鹸も発売されましたし、ほぼ同時期のさくら石鹸や三能石鹸を含めると、日本のブランド石鹸の生成の年となったといえます。この有銘石鹸の確立期を外国と比べると、アメリカのプロクター&ギャンブルのアイボリー石鹸の発売が一八七九年、ユニリーバの前身の一つであるイギリスのリバー・ブラザーズのサンライト石鹸のそれが一八八五年でしたから、大きな時差はなかったといえましょう。

そうした国内の有銘石鹸の生成の担い手に注目すると、鈴木安五郎はもとから石鹸製造業者でしたが、西條工場と結んだ佐々木玄兵衛や長瀬富郎は、石鹸を扱う問屋でした。

有功二等
賞は開催回により異なったが、三回、四回は名誉賞、進歩賞、妙技賞、有功賞、協賛賞の五種類であった。有功賞は「物産ヲ増殖シ販路ヲ弘メ估價ヲ低クシ或ハ便益ノ機械器具ヲ適用シ又ハ模造移植セシ等ニ因リテ功労アル者」に与えられた（『第三回内国勧業博覧会要則』）。

明治中頃の日用品等の値段

品物	価格	調査対象年	品物	価格	調査対象年
アンパン	1銭	明治38年	国鉄入場料	2銭	明治30年
うな重	30銭	明治30年	醤油	9銭	明治26年
駅弁※	10銭	明治23年	食パン	5銭	明治20年
鉛筆	1厘	明治20年	炭(1俵=15kg)	24銭	明治21年
相撲観覧料	35銭	明治25年	蕎麦	1銭	明治20年
おしろい	10～20銭	明治26年	豆腐	1銭	明治41年
牛乳	3銭	明治20年	入浴料	2銭	明治29年
桐タンス	6円	明治15年	マッチ	2銭5厘	明治25年
鶏卵	15銭	明治32年			

※幕の内弁当以外の特殊弁当　　(朝日新聞社『値段史年表 明治・大正・昭和』より作成)

したがって、問屋という商業資本の経営者が、従来にもまして、製造業者とのより綿密なる協力と提携によって、プライベート・ブランド製造へと進出していった時期でもあったのです。そして、花王石鹸の場合、販売業者たる問屋のプライベート・ブランドが、みずから製造業へ進出したことによって、ナショナル・ブランドへと成長してゆくことになるのです。

さて、富郎の優良なる国産有銘石鹸の創出という思いは、発売五年後、大阪で開催された内国勧業博覧会*で有功二等賞を受賞したことにより、一応結実をみることとなりました。出品した国産石鹸のなかで最高位の賞であり、その褒賞書には「製造宜敷《よろしき》を得、鹸化完全なり、品質形状よく需要に適す」(『初代長瀬富郎伝』一八六頁)と記されています。これにより、「花王石鹸」は、宮内省御買上の栄誉に浴することとなったのです。

第五章　マーケティング活動と生産施設

いかに良品を製造したとしても、商品が広く配給される経路が確保されていなければなりませんし、その経路を流れる量を拡大させるには、広く知られなければなりません。このため、富郎はきめ細かな販売促進策*のほか、小林富次郎と同じように、販売経路の確立と広告・宣伝に力を注ぎました。ここでは、長瀬富郎が長瀬商店を開業した頃の東日本の商品流通を概観したうえで、新たな流通政策をいかに展開し、いかなる広告・宣伝を展開したのかについてみてみることにしましょう。

一、販売戦略と独自の工夫

信義を尊重する経営姿勢

花王石鹸が発売された頃まで、日本の商業圏は、まだ東京と大阪に二分されていました。それまで東京を中心とする東日本では、日本橋界隈の宿屋に止宿していた地方の問

富郎の販売促進策
石鹸業界で初といわれる景品制も富郎の案。花王石鹸発売の翌年暮れから、店名入りの青色木綿（金巾）の風呂敷を一梱（桐箱入り三十五ダース）に一枚、などといった具合である。発売七周年、十周年には、販売店にはソロバンを配布したほか、明治座、歌舞伎座での招待観劇会なども催された（『花王史１００年』）。

花王石鹸の関西総代理店となった大崎組（大正９年頃）。大崎組では従来の輸入石鹸より花王石鹸を重視して関西一円への販売に努めたため、長瀬商店の代理店のなかでも大きなシェアを占めた。

屋商人が、日本橋の問屋筋に商売とあいさつをかねて回る、問屋廻りという商法が一般的でした。夜、宿に帰ると、昼に回った問屋から、番頭格の人物が見本をもってやってきます。問屋側ではこれを宿屋廻りと呼びましたが、止宿する地方商人たちは、宿で商いがなされることから、これを宿糶《やどせり》と呼んでいました。

ただし化粧石鹸のような新しくかつ高価な商品を扱う新興問屋の場合は、地方商人による問屋廻りの対象にはならず、もっぱら日本橋の問屋主人による宿屋廻りに依らざるを得なかったのです。

長瀬商店の創業以来の取引先であり、当時静岡から四日をかけて上京し、日本橋の静岡屋という商人宿に止宿していた静岡の千代鍛冶《ちよかじ》（現在は東京青山の中央物産に統合）の主人・岡部服太郎は、富郎の様子について、「はじめて宿糶にいらしたときの長瀬さんが、他店では一ダース三十八銭または三十八銭五厘する蜂印を、三十七銭五厘でお売りになった。その真剣な商法に打たれまして、この次は是非お店にお伺いするからとお約束し」（『初代長瀬富郎伝』八〇頁）た、と後に回顧しています。また清水港まで商品を海上輸送する際、船が難破して商品が台無しになるということがあり、このとき、長瀬富郎は、「保険がついているから自分のところの損にはならない、受け取ってくれ」（『初代長瀬富郎伝』八一頁）と新しい荷物を送ってきたといいます。こうしたことからも、信義を尊重する富郎の経営姿勢がうかがわれます。

なお、千代鍛冶のほかに、花王石鹸発売当初、長瀬商会と宿驒で取引していた地方商人としては、仙台の近江屋八兵衛商店などがありました。

全国に広がる販売のネットワーク

ところで、花王石鹸が発売された前年の明治二十二（一八八九）年には、新橋・神戸間に東海道線*が全通し、西日本と東日本の往来が便利になってきました。そうすると、日本橋の問屋街を、関西だけではなく、遠く九州や中国地方の問屋が、訪ねてくるようになりました。

こうした環境変化を捉えて、富郎は、既存の流通網を利用して全国に販売拠点を設け、市場の創出に努めることにしました。これによって花王石鹸を名実を兼ね備えたナショ

東海道線
明治五（一八七二）年に品川―横浜間が開通し、その後、新橋まで延長。一方明治七年に神戸―大阪間が開通。以後、中間を埋めるかたちで明治二十二年の大津―長浜間の開通により、新橋と神戸が結ばれた。東京駅が起点駅に変更されたのは大正三年のこと（『世界大百科事典』）。

大崎組
大崎組は昭和二（一九二七）年に倒産。大阪の商社が「金鶴香水」を設立し、その事業を引き継ぐ。社名は大崎組が扱っていたフランスの香水名に由来。その後、整髪料などでヒット商品を開発し、社名を「丹頂」、「マンダム」と変更。株式会社マンダムとして現在に至っている（『マンダム五十年史』）。

大阪駅頭での大崎組への荷役作業風景。馬で荷車を引いていくなど、当時の物流の様子がうかがえる。近代交通の未発達だった当時、各地の代理店は長瀬商店の大切なパートナーだったといえる。

ナル・ブランドに成長させようとしたのです。

そこで、富郎は、まず地方から上京してきた商人との取引関係を築きました。熊本市の鹽山仙蔵商店、長崎市の成宮商店と同市の近江屋商店、下関の夏川商店などが、初期の花王石鹸の代理店になります。東日本の宿糶による従来からの取引関係を第一の経路とするならば、この新規取引は、第二の経路といえましょう。

第三の経路として、富郎は、西日本一帯への販売網の構築を考えます。そこで、伊能商店時代から面識のあった大崎代吉の経営する大阪の大崎組*を関西総代理店としました。大崎は、ペリーが来航した嘉永六（一八五三）年に愛知県に生まれ、大阪の洋物店で奉公の後、明治五（一八七二）年に独立しました。独立十年後には、横浜支店を設置し、その六年後にはその横浜支店を移して日本橋旅籠町に東京支店を設けました。富郎とは、伊能商店に入店したときに知り合うことになります。いずれにせよ、東海道線全通前に、東日本のテリトリーの本拠地に大阪商人が進出したわけですから、大阪商人のなかでは、かなり進歩的であったといえましょう。

さて、富郎は、その大崎組が西日本に有する取引関係を通じて、関西市場で花王石鹸を浸透させることにしたのです。この大崎組を基盤とする西日本流通網は、先の地方商人との取引関係に続く第三の流通経路といえます。

第四に、発売から四年の明治二十七年以降のことになりますが、大崎組の小間物系統とは、主な取り扱い品を異にする薬屋系統の代理店を、特約店として開拓してゆきます。売薬会社、丹平商店、盛大堂などがそうした取引店でした。

従来、日本橋問屋のテリトリーであった東日本では、明治二十九年、前年に入店した弟の祐三郎を東北地方に出張させたのをきっかけに、次第に従来からの取引先を中心とするネットワークをつくっていきました。これは、第一の経路の拡充です。

さらに、富郎は、陸海軍や病院などの大口需要先の開拓にも努めました。いわば第五の流通経路です。病院では、花王石鹸発売の翌年に売り込んだ東京慈恵病院をはじめ、日本赤十字病院、呉・佐世保・横須賀の海軍病院、さらに帝国大学付属病院と続きました。病院への大量販売は、「花王石鹸」の品質保証の効果もあったのです。

そして、後述するステアリン蝋燭の石蝋の発売は、従来の小間物系統に加えて荒物系統との取引を始めるきっかけとなりました。

イーストレイク

一八五八〜一九〇五年。アメリカの英語学者。二歳で来日した後、離日してアメリカ、フランス、ドイツで学び、明治十七（一八八四）年に再来日。国民英学会、正則英語学校（現在の正則学園高等学校の母体）を設立したほか、週刊英字新聞の発刊、『ウェブスター和訳字彙』の編集などを行った。四十七歳、東京にて没（『日本近現代人名辞典』）。

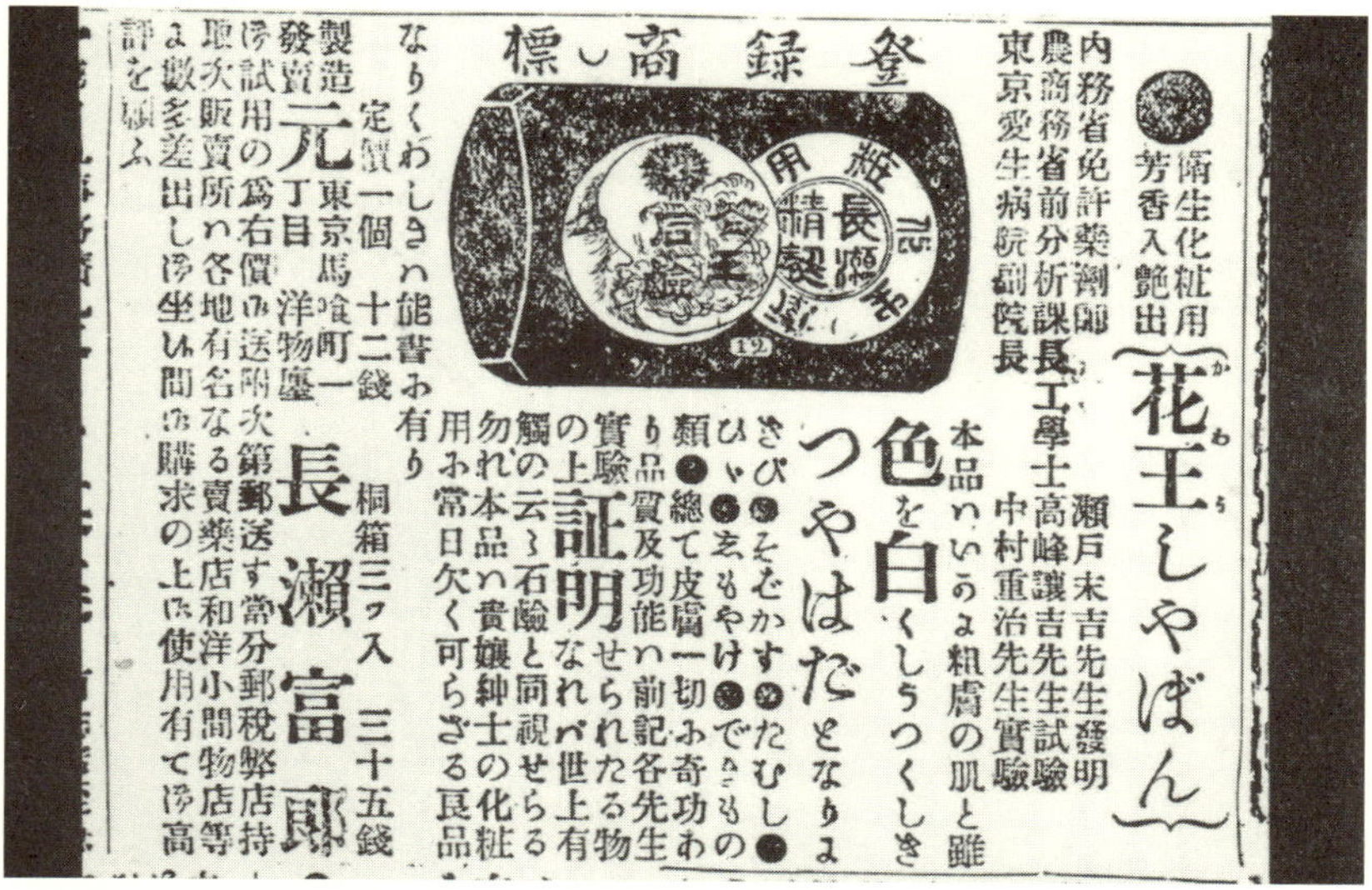

花王石鹸発売当時の新聞広告。富郎は、広告・宣伝にも費用を惜しむことなく力を入れた。瀬戸末吉、高峰譲吉、中村重治ら、研究者の名前も積極的に利用している。

多様な広告・宣伝活動の展開

商品の流れる経路を多岐にわたって整備する一方、富郎は、広告・宣伝活動にも力を入れました。もっとも利用したのは新聞広告でした。これには、アメリカ人ジャーナリストで東京で英文雑誌を発行していたイーストレイク（F.W.Eastlake）*の影響もあったようです。というのは、欧米で新商品の発売の際には、莫大な新聞広告費を惜しまないということを聞かされていたのです。

関東では、「時事新報」や「東京朝日新聞」、関西では「大阪朝日新聞」と「大阪毎日新聞」など主力十七紙のほか、地方新聞十二紙に、富郎自身の創案による広告が掲載されました。

また富郎は、鉄道沿線の野立広告《のだてこうこく》も利用しました。明治二十九（一八九六）年一月に東海道沿線各地に設けられた「花王石鹸」の大きな看板は、鉄道沿いの最初の本格的な商品広告ともいわれています。その後、鉄道建設ブームとともに、全国各地に同様の看板が設置されていくことになります。ちなみに、この野立広告は、リバー・ブラザーズがサンライト石鹸を発売したときにとられた宣伝方法です。富郎が、この情報を得ていたか否かは定かではありませんが、やはり誰かからの示唆があったのかもしれません。

このほか、富郎は、劇場の引き幕広告、四谷見附での広告塔の設置、電柱広告、隅田川の川蒸気船の屋根の広告、浴場の広告、浴場への浮き温度計の配布による広告など、多様で、きめ細かい広告宣伝活動を展開していきました。

二、商品展開と施設の拡充

新商品、次々と

富郎は、花王石鹸の市場浸透を進める一方で、関連のトイレタリー商品の製造・販売も手がけました。花王石鹸を発売した翌年の明治二十四（一八九一）年には、瀬戸末吉の薬品調合の技術を利用して、歯磨き粉の寿考散を発売しました。

この寿考散は、売れ行きが順調であったので、同年末頃、瀬戸末吉のために、有名な

東海道線の愛知県岡崎―安城間に設置された野立看板。鉄道沿線の本格的な商品広告を行ったのは富郎が最初ともいわれている。

浅草・雷門の看板広告（明治43年頃）。富郎は、劇場の引き幕、広告塔、電柱、川蒸気船の屋根など、次々と創意をこらして広告を展開した。

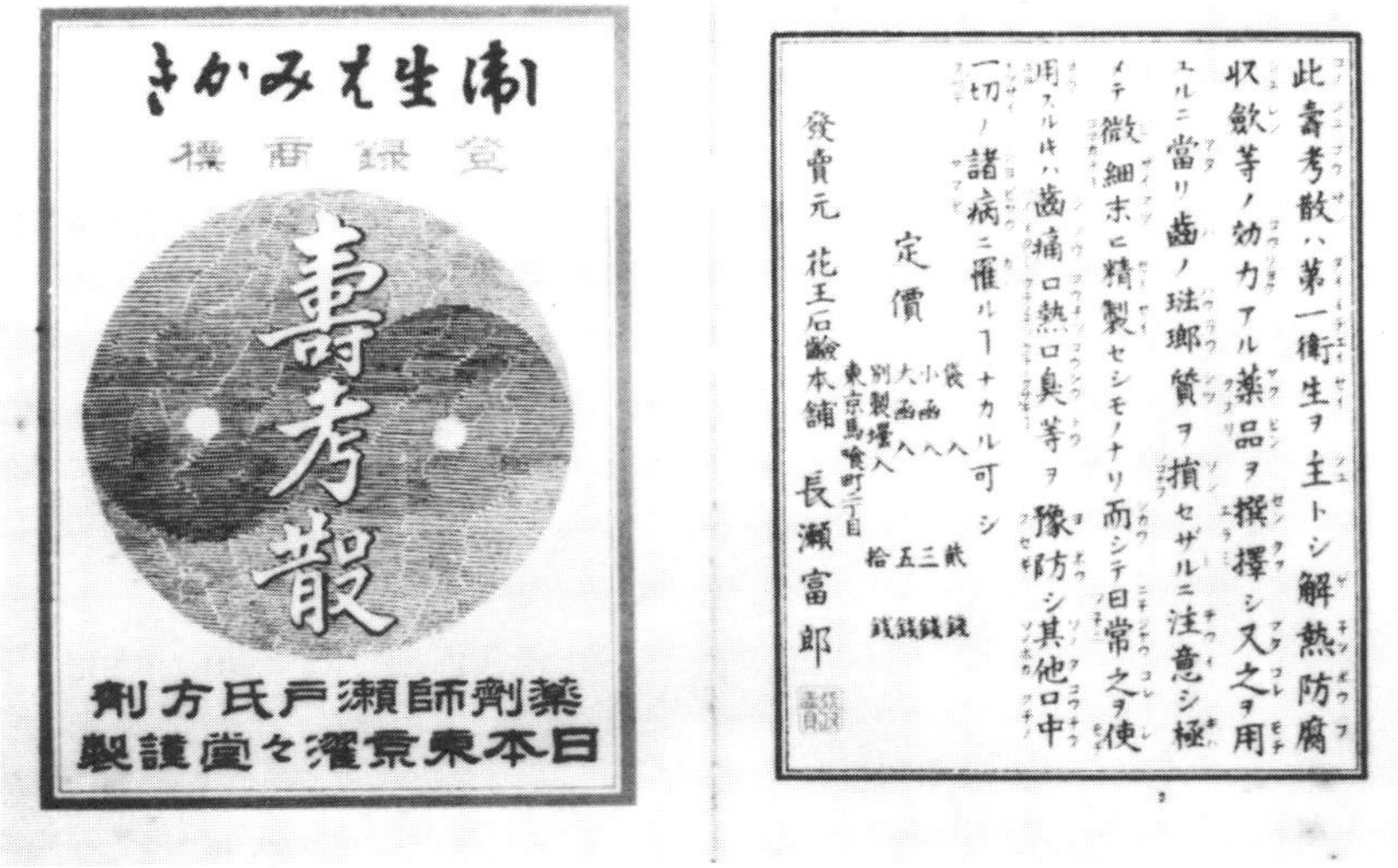

長瀬商店第２弾の発売商品となった「寿考散」の包装紙。花王石鹸の創製に貢献した瀬戸末吉の家の事業として富郎は考えていたが、それが実現する前に瀬戸末吉は急逝してしまう。

鹿印煉歯磨の文字も見える永坂石埭筆の特約店用の看板。鹿印煉歯磨は、富郎みずからが薬品の調合と製品の試作を繰り返したもので、高級歯磨きとして発売された。

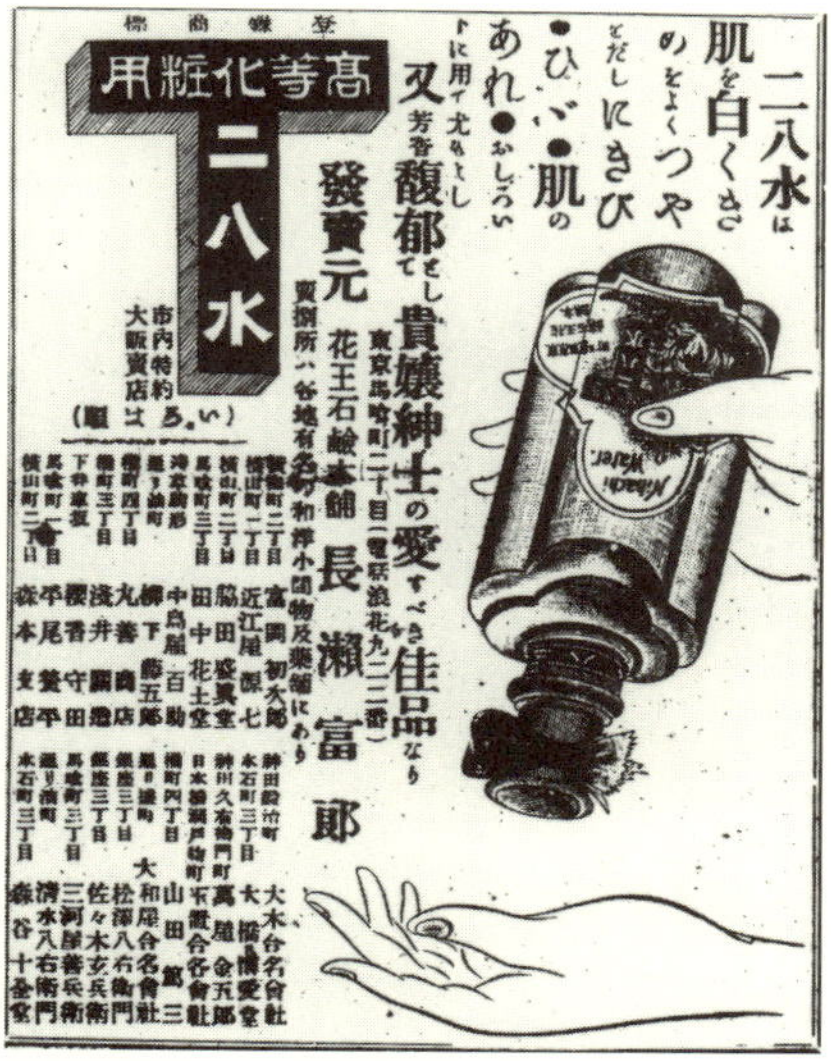

明治33年12月に発売された高級化粧水の「二八水」の新聞広告。

南神保町のハイカラ化粧品・おきな屋の店を買収することにして、そこを拠点に販売を拡充する計画をたてました。ところが、そのことがまとまりかけた頃、瀬戸は病を得て急逝してしまったのです。富郎にとっては、二年前の「二代」の夭折に続き、身近な存在を喪ったことになります。瀬戸が独身であったため法要は長瀬家で営まれ、その菩提寺に葬られました。なお、その後、おきな屋の買収は取りやめとなり、寿考散は、その助手に引き継がれることになりました。

その翌年の明治二十五年には、元茨城県令の人見寧との共同事業で製造したステアリン蝋燭の人《ひと》印石蝋（人見の人に由来）を発売しました。人印石蝋の販売によって、従来の石鹸の主な販売ルートである小間物系統に加えて、荒物系統の販路が開拓されることとなりました。また、その翌年には、寿考散に代わるべき新商品として鹿印煉歯磨粉を発売しました。石蝋は、その後、人見が手を引いて富郎の個人扱いとなり、明治三十二年二月には生産設備も譲渡し撤退します。これに対し、鹿印歯磨は取引を広げ、イギリスからの注文もあったほどで、大正末まで販売されました。

明治35年11月に完成した向島・請地工場全景。この工場で、創業以来の家内手工業的な生産体制から近代的な工場生産へと移行していった。

このほか、三十三年十二月には、化粧水の二八《にはち》水を発売しました。これは、二×八＝十六すなわち十六歳の娘盛りのお嬢さんをイメージさせるネーミングでした。

新工場の建設

商品の品揃えが豊かになるなかで、主力製品の花王石鹸の売り上げは伸びていき、生産が追いつかない状況となりました。このため、明治二十九（一八九六）年四月には、本所区向島須崎に村田工場*の生産施設を移転して、伸びゆく需要に備えることにしました。

この工場の名義は村田でしたが、費用は富郎が村田氏立替金として支出しました。しかし、職工二十人たらずの小規模では、まだ生産が販売に追いつかなかったのです。

そこで、「花王石鹸」発売十周年を機に、富郎は向島

請地工場の汽缶室。請地工場での蒸気加熱と汽力による攪拌操作は、同時期の石鹸製造業者のなかでももっとも早いものの一つといわれている。

請地工場の包装室。「花王石鹸」の発売から12年を経て、長瀬商店は原料の仕込みから包装まで一貫して生産する体制をつくりあげた。

請地工場の乾燥室。請地工場は、明治32年から工事が始まったが、東西銀行の破綻という事態に直面し工場建設工事は明治35年まで待たされることになった。

の請地《うけち》*に新工場の建設を企図し、用地を買収・造成、外国製の新式機械を購入しました。そして、三年後の明治三十五年十一月、原料の仕込みから包装までを一貫生産する請地工場が稼働し始めたのです。

村田亀太郎は、この新工場落成に合わせて須崎の村田工場を閉鎖し、必要な諸器具類をすべて新工場に売却・譲渡しました。村田自身も、須崎工場の職工を引き連れて、製造主任として新工場に入りました。ここにいたって、長瀬商店は、製造部門と一体化した本舗となったわけです。

請地工場は、当初は、職員三名、職工三十三名という規模でしたが、次第に地所と設備を拡充し、四十一年には従業員数は八十四名に増えています。

この間の明治三十九年には、試験室が設置され、技術者による研究・開発体制もスタートしています。その最初に技師となったのは、富郎の母方の服田嘉兵衛の次男で、上野薬学校出身の服田利一でした。この面でも、親戚関係の縁が確認されます。

なお、請地工場発足の頃、富郎の補佐役として、二人の弟が役割を分担していました。一人は前述の祐三郎ですが、もう一人は三十三年に入店した常一です。常一は、工場に入り責任ある地位についていたのです。このため、村田は工場支配人の常一を技能面で補佐する立場となったのですが、二年後には独立するにいたりました。

その後、村田は前述のように、三輪善兵衛（丸見屋）との提携により、ミクニ石鹸を製造して、物議をかもすことになります。

向島須崎と向島請地
ともに現在の地名表示では墨田区向島。須崎は向島四～五丁目、請地は向島四～五丁目、押上一～二丁目。つまり須崎工場と請地工場はすぐ近くだったことになる（『角川日本地名大辞典』）。

第六章　業界活動と事業の継承

福原有信や小林富次郎と同様に、長瀬富郎も、花王石鹸の伸長と取引関係の拡大とともに、業界のなかで重きをなすこととなり、業界のさまざまな活動への参加を求められます。ここでは、そうした富郎の業界での活動の概要をみるとともに、富郎の創始した事業が如何に次代および次々代へと継承されていったかについてみておきましょう。

一、遺言書に託した志

長瀬富郎は、明治二十七（一八九四）年一月に東京小間物同業組合の理事に就任しました。これが、最初の業界活動とされています。二十九年十月になると、長瀬富郎は、和洋小間物、嚢物《ふくろ》、洋傘などの諸組合の幹部有志によって設立された東西銀行の取締役に就任しました。翌三十年四月には、東西銀行設立のための相談の過程で、帽子卸業者たちから提案され設立のはこびとなった明治制帽株式会社の監査役にも就任しました。実は富郎自身も、二十二年以来、大崎組を通じて輸入帽子類を扱っていたのです。

明治43年頃の「花王石鹸」のポスター。赤坂の名奴万龍をモデルとして起用している。日本は日露戦争後の多難な時代を迎えていたが、長瀬商会は石鹸以外にも次々と商品を発売した。

ところが、その東西銀行は、明治三十三年六月に経済界不振の影響を受けて破綻してしまいます。ちょうど新工場建設のために懸命になっていた時期でもあり、その損失は大きな痛手でした。「もう一度裏店に住む覚悟をし」(『初代長瀬富郎伝』二〇三頁)たとも伝えられます。しかし、すでに富郎は業界の人となっていました。富郎はその整理のために東奔西走し、ようやく事態の収拾のメドがたちました。

三十八年以降には、売薬税法(化粧品も売薬類似品として課税対象とされた)や香料輸入税の反対運動の先頭に立って活動しました。その明治三十八年の二月二十七日には、後に二代富郎を襲名する三男の富雄が生まれています。

また四十年十二月には、前述の「ミクニ石鹸」の新聞広告問題で、石鹸業界が激しい混乱に陥ったとき、東京小間物化粧品卸商組合副組長の任にあった富郎はこれを糾弾する立場に立たされました。三輪氏に対する取引停止処分などが提示されることになったのです。村田氏との交誼を考えると、富郎は、苦しい思いであったでしょう。村田・三輪両氏との私的闘争と誤解される向きも生じて紛糾しましたが、結局、半年後に処分問題は、ようやく円満に解決することとなりました。

明治四十三年には、植物性揮発油関税問題に関して、富郎はその修正案撤回運動のためにまたも奔走しました。こうした業界の問題解決の活動による疲労も重なって、翌四十四年十月二十六日、富郎は、ついに不帰の人となったのです。享年四十七歳でした。

富郎は、病に伏す前の同年七月九日、家族・親族を集めて遺言書を朗読しました。そこには、合資会社設立の具体案のほか、次のような、ビジネスを営む者のあるべき姿についても記されていました。

人は幸運ナラザレバ非常ノ立身ハ至難ト知ルベシ、運ハ即チ天祐ナリ、天祐ハ常ニ道ヲ正シテ待ツベシ、總テ何事モ順序ヲ誤ルべカラズ、一ヨリ十、十ヨリ百と順序ヲ追テ漸次ニ進メバ困難ナラズ、又愉快ナルモノナリ。決シテ俄ニ突飛ノ企望ヲ起スベカラズ、備ハラザル得ハ何ノ益ナク、却ツテ後日禍ノ元ト知ルベシ。(『初代長瀬富郎伝』二八〇頁)

富郎自身の歩んで来た道から導き出された、教訓といえましょう。「天祐ハ常ニ道ヲ正シテ待ツベシ」は、弟の祐三郎・常一の「祐」と「常」の文字も織り込まれており、事業の継承者への思いも感じとられます。この言葉は、後述する戦後のリーダーの丸田芳郎によってもしばしば引用され、長く花王の「社是」の一つとなってゆくのです。

二、合資会社から株式会社へ

長瀬商店は、富郎が亡くなる直前の明治四十四(一九一一)年十月三日に、富郎の遺言にしたがって、合資会社組織となりました。資本金額は二五万円。出資した社員は、長瀬家十名と村田亀太郎の計十一名で、無限責任社員は、富郎（九万円）、祐三郎（二万五〇〇〇円）、常一（二万円）の三名でした。富郎が亡くなった翌月の十一月七日、富郎の三男の富雄が二代富郎を襲名し、初代の出資額を譲り受けて合計一二万円の出資額となり、従来の有限責任社員から無限責任社員になります。ただし、経営の実際には関わりをもちませんでした。

合資会社の舵取りは、富郎の二人の弟の祐三郎・常一のコンビによって行われました。「石鹸第一主義」の方針をとり、煉歯磨、二八水などは注文生産にとどめることにしたのです。ちょうど、イギリスのリバー・ブラザース社の尼崎工場が竣工した時期です。従業員たちが、利幅の大きな化粧品類にとらわれて主製品の石鹸をおろそかにすることなく、彼らを内外の競争相手に立ち向かわせるためでもありました。

大正六（一九一七）年十一月には、資本金を五〇万円に倍額増資し、翌月に吾嬬町小村井（現在のすみだ事業場）に敷地を購入し、五年後の十一年十一月に新

二代長瀬富郎。大正14年20歳で入社し、翌々年に社長に就任。叔父たちと協力して会社を発展させる。

日本橋馬喰町にあった明治 43 年頃の長瀬商会本舗。見事な洋館の本社屋の隣に和風の倉庫が附属している。

工場が完成しました。この新工場には、石鹸生産の副産物であるグリセリンの精製工場も設けられて、本格的なグリセリン生産も始められました。昭和十（一九三五）年には、吾嬬町工場を独立させて、大日本油脂株式会社が設立されます。

関東大震災の困難を経て、大正十四年三月には、二代富郎が重役として経営に加わり、同年五月十六日には、まず資本金二五万円をもって花王石鹸株式会社長瀬商会が設立されました。同日のうちに、馬喰町本社で合資会社の臨時総会と株式会社設立総会を兼ねた会議が開かれ、新設の株式会社が合資会社を吸収して、資本金五〇〇万円で発足することになりました。その後、欧米視察を経験した二代富郎によって、さまざまな新機軸が打ち出され、家事科学の研究を始めたり、ナガセ・ソープラインといわれた製品系列も充実させました。しかし、戦時下に入って、航空潤滑油など戦時需要中心の生産体制を余儀なくされることになります。戦時中は、国策への協力もあって、昭和十五年に有機合成事業法にもとづいて、山形の鉄興社との折半出資で日本有機株式会社が

大正 11 年、吾嬬町小村井に完成した吾嬬町工場（現在のすみだ事業場）の全景。ここでは、石鹸生産のほか、グリセリンの生産も始められた。

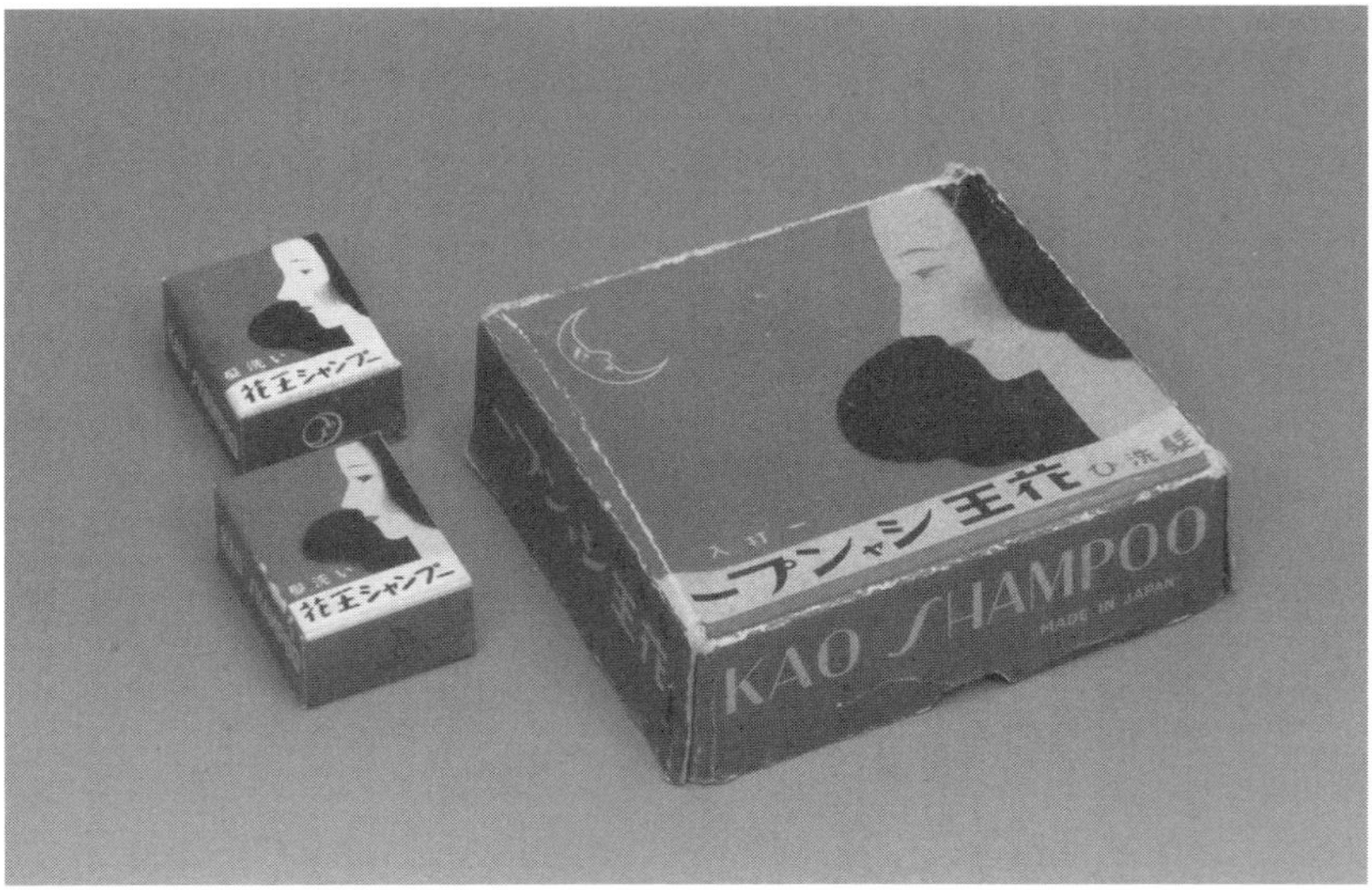

昭和 7 年に発売された花王シャンプー。花王シャンプーの発売後、花王石鹸を基点として製品の系列化をめざす構想が提案された。

吾嬬町工場の仕上げ室風景。吾嬬町工場の完成により、石鹸製造は請地工場からこの吾嬬町工場に移されることになる。

発売当初の花王シャンプーのポスター。

設立され、同年九月に酒田工場が竣工したのをはじめ、いくつかの系列の会社・工場が設立されます。航空潤滑油の生産拡充のために、十九年十二月には和歌山工場も竣工しました。

戦後は、原料と資金の不足するなかで、民需への転換を迫られ、花王石鹸株式会社長瀬商会（昭和二十一年十月に株式会社花王に社名変更）、大日本油脂株式会社（二十一年四月和歌山工場を日本有機へ委譲）、日本有機株式会社（二十四年五月に花王石鹸株式会社に社名変更）の三社体制で再スタートしました。二十四年十二月には、株式会社花王と大日本油脂が合併して花王油脂株式会社が発足し、五年後の二十九年八月には、花王油脂と花王石鹸株式会社が合併して、一社にまとまりました。新しい花王石鹸株式会社です。

その後、同社は、長瀬家のメンバーである伊藤英三や、アメリカで油脂技術や業界動向を学んだ丸田芳郎によるリーダーシップのもと、さまざまな油脂関連製品を発売して総合油脂メーカーへと成長しました。それを象徴するかのように、昭和六十年十月には、「石鹸」を社名からはずし、今日の花王株式会社となります。そして、原料購買から生産および販売を統合した垂直的統合企業として、多様に展開しています。

現在の花王本社。国内はもとより、アメリカ、ヨーロッパ、アジア各地にも工場や研究所が設立されている。

現在の花王のヘア関連商品の一部。シャンプーやリンスなど進化を続けるヘアケア製品のほか、ヘアスタイリング剤、ヘアカラーリング剤なども充実している。

フェイスケア、ボディケアのための現在の花王の商品の一部。フェイスケア製品でも洗顔料、メイク落とし化粧水や乳液など、ボディケア製品も石鹸からハンドソープ、日焼け止めなど、多種多様な製品展開を見せる。

おわりに

さて、明治から大正期の日本で、新しい商品の製造と販売によって、消費者の日常生活に変化をもたらした三人の企業家の足跡をみてきましたが、そこにいくつかの共通点を見出すことができるでしょう。

まず第一に、いずれも、少年期から青年期にかけて、家族の期待とみずからの決意をバックボーンに努力したということです。福原有信は医学・薬学での立身、小林富次郎は小林家再興の思い、長瀬富郎は自主独立の思いでした。それぞれに異なりますが、いずれの思いも人生の目標となって、それに向かい、進取の気概をもってたゆまぬ努力を続けたことは、それぞれの企業家としての主体的資質を大きく高めることになったのです。

第二に、そうした努力の過程で、転機がみられたということです。福原の場合は海軍病院の辞職や薬舗会社の破綻および調剤薬局の行き詰まり、小林の場合は初期の鳴行社や燐寸《マッチ》の軸木事業での失敗、長瀬の場合は蛎殻町での相場の失敗やパートナーシップの挫折、などでした。こうした転機は、彼らに次なる目標を設定させましたし、失敗による教訓は、その目標達成に向けた計画を、従来にもまして周到にさせる要因となったことでしょう。そして、その周到さは、信用を増す要因ともなりました。

第三に、そうした転機や新たな事業展開の際に、多くの協力者に恵まれたことです。福原の場合、松本良順、佐藤尚中、高木兼寛、長井長義のほか二人の盟友などが、さまざまな局面で大きな支えとなりました。小林の場合、兄弟や甥のほか、堀江小十郎、松村清吉、播磨幸七、村田亀太郎ほかキリスト教の信仰者たちが、実際の事業上の教訓と助力と与えたり、精神的な支えとなりました。長瀬の場合も、父方・母方の多くの親類と二人の弟のほか、秋田太吉、村田亀太郎、瀬戸末吉、永坂石埭《せきたい》などがいました。

第四に、創業と事業展開に際して、品質を重視したことです。福原は、薬学を基礎とした薬品と最高水準の化粧品を創造しましたし、小林と長瀬も、新しい製品の客観的な品質保証を得るために科学的な分析を行い、その結果をパンフレットなどに示しました。衛生面と安全面での確実な信頼を得ることが、新商品にとっては、まずもって重要なことでした。彼らは、その重要性を認識し、実行に移したのです。

第五に、みずから創製した新しい製品を浸透させるために、既存の流通網を利用しながら、全国的な販売ルートづくりに努め、さらに、新聞広告をはじめとして積極的な広告・宣伝活動を展開したことです。つまり、良い製品を良い商品として社会に認知してもらい、それを販売する経路を整備する努力を惜しまなかったことです。

第六に、みずからの創始した事業の社会的存在意義を確立させるために、明確な経営理念を打ち出したことです。その多くは、経営者や従業員のあるべき姿勢を示し、消費者や社会への貢献を尊重したものとなっています。そして、そのいずれも今日まで継承されています。逆にいえば、そうした創業者の経営理念を進化的に継承したからこそ、彼らの創業した企業が発展してきたともいえましょう。

参考文献

永井保・高居昌一郎『福原有信伝』株式会社資生堂、一九六六年（二〇〇〇年復刻版）
山下麻衣「福原有信――東京銀座資生堂の創業者」宮本又郎編『日本をつくった企業家』（新書館、二〇〇二年）
『資生堂百年史』（株式会社資生堂、一九七二年）
吉村昭『新装版　日本医家伝』（講談社文庫、二〇〇二年）
伊藤肇『ボランタリーチェインの先覚者　松本昇』（時事通信社、一九七二年）
『商家之友』第五号「初代小林富次郎の起業談」（時事新報社、一九〇二年）
高瀬瑞枝「オイデルミン百年」『研究紀要　おいでるみん』vol.3（資生堂企業資料館、一九九七）
加藤直士『小林富次郎伝』警醒社書店、一九一一年
『ライオン』第九二号、株式会社小林商店、一九三五年
『歯磨の歴史』株式会社小林商店、一九三五年
『ライオン歯磨八〇年史』ライオン歯磨株式会社、一九七三年
『ライオン油脂六〇年史』ライオン油脂株式会社、一九七九年
『ライオン一〇〇年史』ライオン株式会社、一九九二年

服部之總『初代長瀬富郎伝』（花王石鹸五十年史編纂委員会、一九四〇年）
『花王史一〇〇年』（花王株式会社社史編纂室、一九九三年）

●頭注および写真等解説参考文献（頭注・写真等解説は主に編集部で執筆）

『大日本人名辞典』大日本人名辞典刊行会著　講談社　明治十九年
『第三回内国勧業博覧会要則』　勇村階三郎編　三史堂　明治二十二年
『第三回内国博覧会案内』吉田亀寿編　染色雑誌社　明治二十三年
『第四回内国勧業博覧会規則類纂』田村与三郎編　村上弥太郎刊　明治二十七年
『日本現今人名辞典』日本現今人名辞典発行所編・刊　明治三十三年（『明治人名辞典』として日本図書センターより昭和六十三年に復刻）
『第五回内国勧業博覧会　規則書・出品部類目録・出品心得書』矢野松吉編・刊　明治三十四年
『國民百科大辞典』　冨山房百科辞典編纂部　冨山房　昭和九〜十三年
『日本人名大事典』平凡社編・刊　昭和十二年（昭和五十四年復刻）
『花王石鹸五十年史』小林良正・服部之総共著　花王石鹸長瀬商会　昭和十五年
『地名語源辞典』山中襄太著　校倉書房　昭和四十三年
『明治官制辞典』朝倉治彦編　東京堂出版　昭和四十四年

『万有百科大事典』（医学）小学館編・刊　昭和四十八年
『角川日本地名大辞典』13東京都　日本地名大辞典編纂委員会・竹内理三編　角川書店
昭和五十三年
『マンダム五十年史』　マンダム　昭和五十三年
『医科学大事典』講談社編・刊　昭和五十七年
『国史大辞典』国史大辞典編集委員会編　吉川弘文館　昭和五十八〜平成九年
『有機化合物辞典』有機合成化学協会編　講談社　昭和六十年
『藩史大事典』木村礎・藤野保・村上直編　雄山閣出版　平成元年
『現代日本　朝日人物事典』朝日新聞社編・刊　平成二年
『高木兼寛伝』松田誠　講談社　平成二年
『日本史大事典』平凡社編・刊　平成四〜六年
『建築大辞典』（第２版）彰国社編・刊　平成五年
「渋沢栄一と静岡商法会所」佐々木聡　「渋沢研究」１９９４年10月号
『日本大百科全書』（第二版）小学館編・刊　平成六年
『日本歴史人物事典』朝日新聞社編・刊　平成六年
『資生堂ものがたり』（資生堂企業資料館　収蔵品カタログ１８７２〜１９４６）資生堂
企業資料館発行　平成七年

『日本会社史総覧』東洋経済新報社編・刊　平成七年
『内国勧業博覧会美術品出品目録』東京国立文化財研究所美術部編　中央公論美術出版　平成八年
『日本地名大百科』小学館編・刊　平成八年
『角川新版日本史辞典』朝尾直弘・宇野俊一・田中琢編　角川書店　平成九年
『岩波日本史辞典』永原慶二監修　岩波書店　平成十一年
『江戸幕府役職集成』笹間良彦著　雄山閣出版　平成十一年
『大漢和辞典』（修訂第二版）諸橋轍次著　大修館書店　平成十一年
『日本史文献解題辞典』加藤友康・由井正臣編　吉川弘文館　平成十二年
『日本官僚制総合事典1868〜2000』秦郁彦編　東京大学出版会　平成十三年
『日本近代人名辞典』臼井勝美・高村直助・鳥海靖・由井正臣編　吉川弘文館　平成十三年
『日本国語大辞典』（第2版）日本国語大辞典編集委員会・小学館国語辞典編集部編　小学館　平成十三年
『日本人名大辞典』上田正昭・西沢潤一・平山郁夫・三浦朱門監修　講談社　平成十三年
『日本歴史地名大系　第十三巻　東京都の地名』平凡社地方資料センター編　平凡社　平成十四年

『略語大辞典』（第二版）加藤大典・山崎昶編著　丸善　平成十四年
『医学書院 医学大辞典』伊藤正男・井村裕夫・高久久麿編　医学書院　平成十五年
『最新医学大辞典』（第3版）最新医学大辞典編集委員会編　医歯薬出版　平成十七年
『新編【新赤本】家庭の医学』　保健同人社　平成十七年
『ビジュアル・ワイド　明治時代館』宮地正人・佐々木隆・木下直之・鈴木淳監修　小学館　平成十七年
『標準化学用語辞典』（第二版）日本化学会編　丸善　平成十七年
『精選版　日本国語大辞典』小学館国語辞典編集部編　小学館　平成十八年
『大辞林』（第三版）松村明・三省堂編修所編　三省堂　平成十八年
『南山堂医学大辞典』（第十九版）　南山堂　平成十八年
『日本薬局方医学情報２００６』財団法人日本薬剤師研修センター編　じほう　平成十八年
『世界大百科事典』（改訂新版）　平凡社編・刊　平成十九年
『廣川 薬科学大辞典』（第四版）薬科学大辞典編集委員会編　廣川書店　平成十九年
『広辞苑』（第六版）　新村出編　岩波書店　平成二十年

写真および図版提供・協力（掲載ページ）

株式会社資生堂（15、27、30、33、38、40、44、45、48、49、51、53、54、56、58〜63、65〜68、74〜76）
ライオン株式会社（77、81、83、87、89、93、97、99、100、103、105、107、111〜117、119〜124、127〜130、133、137、139〜143）
花王株式会社（145、147、151、161、163、171、174、177〜180、185、187、189、191〜196、199、202〜208）
館山市役所（17）
市川市役所（20）
長崎大学附属図書館医学分館（23）
渋沢史料館（37）
東京慈恵会医科大学学術情報センター史料室（47）
国立国会図書館（149）
堤真和（所蔵）・横浜開港資料館（保管）（164）
編集部（18、25、29、35、72、79、95、154、155、159、169）

情熱の日本経営史シリーズ刊行の辞〜今なぜ、日本の企業者の足跡を省みるのか

本シリーズでは、日本の企業と産業の創出を担った企業者たちの活動を跡づけている。企業者とは、一般に、経済や産業の大きな進展をもたらす革新、すなわちイノベーション(innovation)を成し遂げた人々をいう。ソニーの創業者である井深《いぶか》 大《まさる》氏は、「インベンション(invention)というのは新しいものをつくればそれでよいが、イノベーションという場合は、つくられたものが世の中の人々に大きく役立つものでなければならない」と述べた。日本の企業者の多くは、幕末・維新期以来、今日にいたるまで、みずからの事業の創業やその新たな展開に際して、その営みが「世の中の役に立つこと」であるか否かを判断の要諦としてきたといってよい。そして、そうした社会への貢献を尊重する企業者の気高い思想こそが、日本におけるビジネスの社会的地位を向上させることになった。社会的に上位に置かれた企業者は、内発的な信条としても、また他者からの期待としても、その地位に応じた人格の錬磨と倫理性と、より大きな指導力の発揮を求められるようになった。いわば、企業者の社会的役割に対する期待値が、高められることとなったのである。

企業者に求められる指導力とは、財やサービスの提供主体たる企業組織の内にあっては、技術の進化と資本の充実をはかりながら、人々の情熱やエネルギーを高めて結集させることであり、そうした組織能力向上のためのマネジメント・システムを発展させることであったろう。他方、企業の外に向けては、あらゆる利害関係者（ステークホルダー）に対して、提供する財やサービスはもとより、それを生み出すみずからの活動と牽引する企業組織が、いかに社会に役立つものであるかということをアピールすることが、まずもって必要とされた。そして、さらに、みずからの企業者活動が、日本の国力の増大に貢献することを希求した。

ところで、そうした企業者の能力がいかに蓄積され、形成されたかという面をみると、本シリーズで取り上げた多くの企業者にいくつかの共通点を見出すことができよう。家庭や学校での教育や学習、初期の失敗の経験、たゆまぬ克己心と探求心、海外経験や異文化からの摂取、他者との積極的なコミュニケーション、芸術や宗教的なもの(the religious)への強い関心、支援者やパートナーの存在、規制への反骨心、などである。これらの諸要素が企業者の経営理念を形成し、それを基礎に経営戦略やマネジメントの方針が構想されたとみられよう。

二十世紀末から今日にいたる産業社会は、「第三次産業革命」の時代といわれる。大量の情報処理と広範囲の情報交換の即時化と高度化を特徴とするこの大きな変革は、今なお進展中である。時間と空間の限界を打破し続けるこの新たな変動のなかで、経営戦略はさらにスピードを求められ、組織とマネジメントはより柔軟な変化が求められてゆくであろう。そして、新たな産業社会の骨幹たる情報システムの進化のために、従来にもまして、人々の多大な叡智とエネルギーの結集が必要となってゆくであろう。と同時に、広範囲におよぶ即時の見えざる相手とのビジネス関係の広がりは、内外の金融ビジネスの諸問題にみられるように、大きな危険をはらんでいる。こうした大きなリスクをはらんだ変革期の今日だからこそ、企業者や企業のあり方があらためて問い直されているのである。

本シリーズは、こうした分水嶺にあって、かつて日本の企業者がいかにその資質を磨き、いかにリーダーシップを発揮し、そしていかなる信条や理念を尊重してきたのかを学ぶことに貢献しようということで企画された。本シリーズの企業者の諸活動から、二十一世紀の日本の企業者のあり方を展望する指針が得られれば、望外の喜びとするところである。

佐々木　聡

著者略歴

佐々木 聡（ささき・さとし）

明治大学経営学部教授。1957年青森県生まれ。1981年学習院大学経済学部卒業。1988年明治大学大学院経営学研究科博士後期課程修了。静岡県立大学経営情報学部助教授、明治大学経営学部助教授を経て、1999年より現職。博士（経営学）。主な著書に『科学的管理法の日本的展開』（有斐閣、1998年）、『日本の企業家群像』（編著、丸善、2001年）、『日本の戦後企業家史』（編著、有斐閣、2002年）、『比較経営論』（共編著、税務経理協会、2002年）、『日本の企業家群像Ⅱ』（編著、丸善、2003年）、『失敗と再生の経営史』（共編著、有斐閣、2005年）、『日本的流通の経営史』（有斐閣、2007年）ほか多数。

シリーズ 情熱の日本経営史③

暮らしを変えた美容と衛生

2009年4月15日　第1刷発行

著者

佐々木 聡

発行

株式会社 芙蓉書房出版

（代表 平澤公裕）

〒113-0033 東京都文京区本郷3-3-13

TEL03-3813-4466　FAX03-3813-4615

http://www.fuyoshobo.co.jp

印刷・製本／モリモト印刷

ISBN978-4-8295-0443-7

【 芙蓉書房出版の本 】

シリーズ情熱の日本経営史
佐々木 聡 監修
第１期全９巻■各巻 本体 2,800円

①資源小国のエネルギー産業
松永安左エ門（電力業ほか）**出光佐三**（出光興産）
［橘川武郎著］

②世界に飛躍したブランド戦略
森村市左衛門（森村グループ）**御木本幸吉**（ミキモト）
［藤井信幸著］

③暮らしを変えた美容と衛生
福原有信（資生堂）**小林富次郎**（ライオン）**長瀬富郎**（花王）
［佐々木 聡著］

④国産自立の自動車産業
豊田喜一郎（トヨタ自動車）**石橋正二郎**（ブリヂストン）
［四宮正親著］

⑤医薬を近代化した研究と戦略
武田長兵衛（武田薬品工業）**塩原又策**（第一三共）
［山下麻衣著］

⑥飲料業界のパイオニア・スピリット
三島海雲（カルピス）**磯野　計**（キリンビール・明治屋）**鳥井信治郎**（サントリー）
［生島　淳著］

⑦世界を驚かせた技術と経営
服部金太郎（セイコーグループ）**松下幸之助**（松下グループ）
［平本　厚著］

⑧ライフスタイルを形成した鉄道事業
五島慶太（東京急行電鉄）**小林一三**（阪急電鉄）**根津嘉一郎**（東武鉄道）**堤康次郎**（西武鉄道）
［老川慶喜・渡邉恵一著］

⑨日本を牽引したコンツェルン
鮎川義介（日産自動車ほか）**森　矗昶**（昭和電工グループ）**野口　遵**（旭化成ほか）
［宇田川 勝著］

企業不祥事が止まらない理由

村上信夫・吉崎誠二著　本体 1,900円

不祥事が起こる本質的な原因と、発生後の対応を個々の事例で詳細に検討。「二次的なクライシス」への備え方を提言。

マーケティング戦略論

原田　保・三浦俊彦編著　本体 2,800円

〈既存のマーケティング戦略研究の理論〉と〈現実のビジネス場面でのマーケティング実践〉……この橋渡しとなる実践的研究書。

ストラテジー選書

「フロー理論型」マネジメント戦略
イマージョン経営12のエッセンス

小森谷浩志著　本体 1,400円

心理学者チクセントミハイの「フロー理論」に基づいて、新しい経営のあり方「イマージョン経営」のコンセプトを提示する。

ウォルマートの新興市場参入戦略
中南米で存在感を増すグローバル・リテイラー

丸谷雄一郎・大澤武志著　本体 1,600円

世界的な総合小売業の代表的存在ウォルマートが母国アメリカの市場飽和のなかでメキシコおよび中米諸国に新たな市場を求めた戦略を詳細に分析

企業戦略における正当性理論
レピュテーション経営を志向して

山田 啓一著　本体 1,700円

企業倫理、内部統制、企業の社会的責任が問われている現在、「正当性」と「レピュテーション(評判)」の２つの視点で企業経営のあり方を論ずる。

ネットワーク社会のビジネス革新
サイバーソリューションビジネスの実践に向けて

成川忠之著　本体 1,700円

インターネット上のビジネスと顧客の問題解決策を販売するビジネス、この２つを融合した革新的なビジネスを考える。

ローテーションとマーケティング戦略
あたらしいライフスタイルとしての可能性をめぐって

赤岡仁之著　本体 1,700円

企業のジョブ・ローテーション、野球のローテーション、四季ごとに掛け軸を取り替える……。新しい消費者行動に対する戦略の方向性を実践的に示す。